用 micro:bit V2.0
學運算思維與程式設計

使用 MakeCode：Blocks　　王麗君　編著

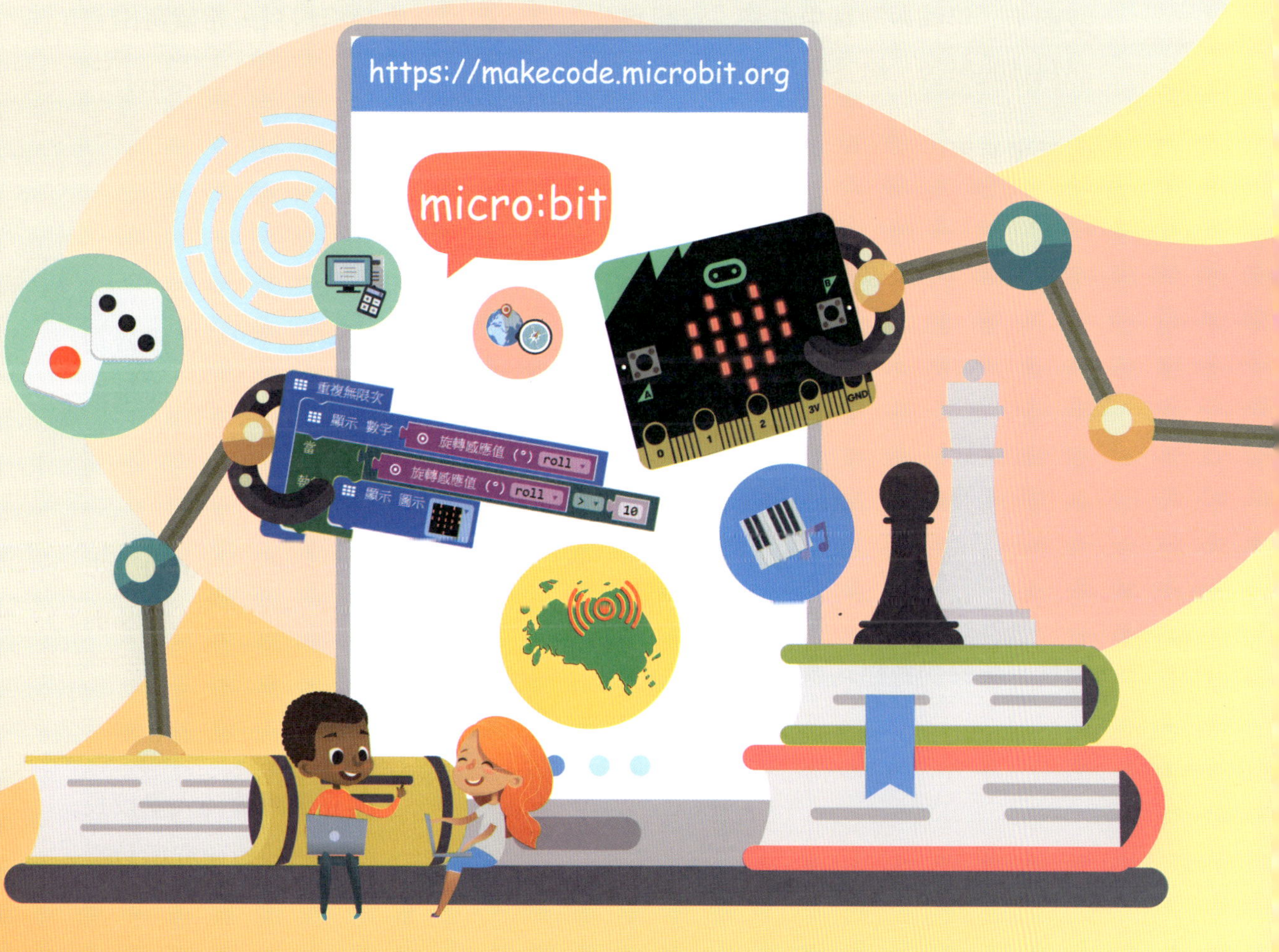

推薦序

資訊社會的必備能力──運算思維

現今的資訊社會，每一個人都應該懂得資訊科技，會用資訊科技，更具備運用資訊科技解決問題的思維能力。

過去我們常說，人們要具備抽象思維、邏輯思維及高階思維等能力；現今的世界中，更要加上運算思維能力（Computational thinking）。運算思維是運用資訊科技解決問題的思考方法，包括分解問題（Decomposition）、模型辨識（Pattern recognition）、產生通則（Pattern generation）及抽象化（Abstraction）等。培養學生運算思維能力，已經是各國資訊教育的主要目標，包括英國、美國、澳洲及以色列等國都將資訊科技列為主要學科，從小學到高中都要學習；我國十二年國教課綱中也將「資訊科技」列為國、高中必修科目，希望藉由資訊科技的學習，培養學生運算思維能力。

學習運算思維的利器──micro:bit 程式設計

程式設計是學習運算思維最好的方法，透過程式設計解決問題，學生可以學習電腦科學家思考的方式。

Micro:bit 是一個如信用卡大小的微型電腦，它源自於英國BBC廣播公司的電腦素養計畫，計畫的目的是希望學生不只是作為一個科技使用者，而是把資訊科技作為工具，成為一個開發者及創作者。透過 micro:bit 的程式設計，學生可以開發軟體，設計硬體，從創作中獲得樂趣，成為一個主動的學習者。

麗君老師具備二十多年資訊教學經驗，對十二年國教資訊科技課綱精神也甚為瞭解，本書將運算思維融入於 micro:bit 程式設計學習中，兼具時代性及前瞻性，想要學習程式設計及運算思維者，可以以此書入門一窺堂奧。

國立臺灣師範大學校長
資訊教育研究所教授

吳正己

推薦序

Micro:bit──全世界學習程式設計的新名詞

「Micro:bit」這個在全球銷售超過百萬片，由英國 BBC 廣播公司主導與微軟、三星、ARM 等多家廠商合作開發的 4×5 公分口袋型微型電腦，讓中小學生能夠以積木方塊（Blocks）、JavaScrip、Python 三種程式設計工具，輕鬆地學習程式設計概念。Micro:bit 創新之處在於透過模擬器執行程式呈現結果，翻轉傳統程式語言僅能在電腦上執行及呈現結果的模式，並且符合創客（Maker）的動手做精神，可以結合 Arduino 實作應用，無限擴展學習者的想像力。

用 micro:bit 學運算思維程式設計

「用 micro:bit 學運算思維與程式設計」一書，內容將運算思維融入程式設計過程之中，顛覆傳統程式設計只是拖拉積木圖形，不易理解積木圖形背景隱含的程式語言的抽象概念及原理。本書的內容涵蓋程式設計、資訊科技應用與演算法精神，實踐十二年國教「資訊科技」精神。書中十大主題範例不但結合學生的日常生活經驗且兼具趣味性與挑戰性，從「micro:bit 基本元件、程式設計概念、動手練習、專題規劃、程式流程、程式設計運算思維到動手實作、micro:bit 執行結果」之程式概念學習與動手實踐的過程，培養學習者應用資訊科技解決問題的運算思維能力。

本書適用於動手做創客及程式設計初學者，利用積木圖形編輯程式、想精進程式設計的學習者，利用 JavaScript 編輯程式以及想挑戰科技潮流的學習者，利用 Python 編輯程式，透過 micro:bit 挑戰創新構想、發展運算思維能力。

國立臺灣師範大學資訊教育研究所所長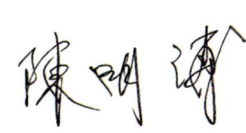

序 Preface

　　Micro:bit 微型電腦是英國 BBC 廣播公司與微軟、三星、ARM 等大廠合作開發，以積木組合程式、模擬器執行結果的簡易操作，讓英國中小學生每個人都能夠學習程式設計邏輯思維及運算思維的能力。

　　現在 micro:bit 不只在英國普及，更推廣到世界各國，micro:bit 具有下列特質，讓全民都能輕鬆寫程式（Coding）：

- **非常簡單（Easy peasy）**：只要連接網路瀏覽器就能設計積木（Blocks）、Javascript、Python 程式，不需要安裝任何軟體。
- **啟發靈感（Get inspired）**：官網中有富豐的學習活動及學習資源。
- **跨領域程式設計（Cross curricular）**：micro:bit 不再侷限電腦課學習寫程式，更能應用在藝術、音樂、物理等，結合跨領域或 STEAM 設計程式。
- **全民寫程式（Everybody codes）**：micro:bit 讓不同性別、能力及背景的學習者，每個人都能夠寫程式。

　　本書「用 micro:bit 學運算思維與程式設計」依據十二年國教「資訊科技」綱要精神編纂而成，架構結合運算思維，從發現問題、解析問題、程式設計模擬解題、micro：bit 實作解題等過程中，培養**問**（Finding：發現問題）、**做**（Making：動手做）、**思**（Thinking：做中思）、**創**（Creating：創造）的學習流程，幫助學習者從日常生活中發現問題並應用科技設計程式解決問題。本書內容範例包含跨領域的科學、物理、科技、數學、藝術與音樂等，生動活潑、淺顯易懂，適合動手實作的創客或想學習程式設計的學習者。

　　本書的完成感謝勁園・台科大圖書范總經理的支持與其團隊的協助，讓本書能夠順利完成，也感謝臺灣師範大學資訊教育研究所師長的指導讓本書更臻完美。

國立臺灣師範大學資訊教育博士　王麗君

目錄 Contents

Chapter 1　Micro:bit 微型電腦

1-1	Micro:bit 微型電腦	4
1-2	MakeCode 編輯器	6
1-3	Micro:bit 程式語言的類型	8
1-4	Micro:bit 主要功能	12
1-5	Micro:bit 積木形狀與顏色	15
1-6	手機設計 micro:bit 程式	20
	實力評量	27

Chapter 2　心動 99

2-1	Micro:bit 基本元件—LED、按鈕與麥克風	30
2-2	迴圈—重複執行 n 次	34
2-3	心動 99 情境與流程規劃	38
2-4	LED 顯示數字	38
2-5	LED 顯示文字	40
2-6	LED 顯示圖示	41
2-7	重複顯示圖示	42
2-8	WebUSB 配對並下載到 micro:bit	45
	實力評量	47

Chapter 3　演奏旋律

3-1	Micro:bit 基本元件—喇叭、觸摸感測器與引腳	52
3-2	音效：演奏旋律或音階	55
3-3	演奏旋律情境與流程規劃	59
3-4	演奏旋律：給愛麗絲	59
3-5	Micro:bit 演奏旋律	62
	實力評量	63

為方便讀者學習，本書提供影音教學及範例程式，請至本公司網站「MOSME 行動學習一點通」（mosme.net），於首頁的搜尋欄輸入本書相關字（例：書號、書名、作者）進行書籍搜尋，尋得該書後即可使用相關資源。

Chapter 4　智能風扇

4-1	Micro:bit 基本元件—溫度感測器	68
4-2	Micro:bit 信號引腳與馬達	68
4-3	基本—重複無限次	71
4-4	邏輯—關係運算	72
4-5	邏輯—如果—那麼	72
4-6	智能風扇情境與流程規劃	74
4-7	顯示溫度感測值	75
4-8	邏輯判斷溫度	76
4-9	連接 micro:bit 與馬達	78
	實力評量	79

Chapter 5　指南針

5-1	Micro:bit 基本元件—指南針	84
5-2	邏輯—如果—那麼—否則	86
5-3	指南針流程規劃	87
5-4	顯示指南針方位值	88
5-5	如果—那麼—否則判斷方位	89
5-6	Micro:bit 指南針	94
	實力評量	95

Chapter 6　骰子比大小

6-1	Micro:bit 基本元件—加速度感測器—	100
6-2	Micro:bit 變數	101
6-3	骰子比大小情境與流程規劃	103
6-4	建立變數	105
6-5	點亮骰子點數 LED	107
6-6	Micro:bit 骰子	110
	實力評量	111

Chapter 7　夜行感光燈

7-1	Micro:bit 基本元件—光線感測器	116
7-2	坐標與燈光	117
7-3	迴圈—計數重複執行	121
7-4	夜行感光燈情境與流程規劃	124
7-5	光線控制 LED 亮度	124
7-6	光線控制 LED 亮燈數量	125
7-7	Micro:bit 夜行感光燈	126
	實力評量	127

Chapter 8　地震警示器

8-1	Micro:bit 基本元件—加速度感應器二	132
8-2	數學	134
8-3	迴圈—重複判斷	135
8-4	地震警示器情境與流程規劃	137
8-5	重複判斷地震是否發生	138
8-6	Micro:bit 地震警示器	141
	實力評量	142

Chapter 9　摩斯終極密碼戰

9-1	Micro:bit 基本元件—藍牙	148
9-2	廣播	148
9-3	文字	152
9-4	摩斯密碼	155
9-5	摩斯終極密碼戰情境與流程規劃	157
9-6	廣播發送文字	158
9-7	接收廣播文字	161
9-8	Micro:bit 摩斯終極密碼戰	163
	實力評量	164

Chapter 10　剪刀石頭布

10-1	邏輯—布林運算	170
10-2	陣列	172
10-3	剪刀石頭布情境與流程規劃	175
10-4	玩家 1 按下按鈕出拳	179
10-5	玩家 2 隨機出拳	181
10-6	玩家 2 判斷結果	183
10-7	Micro:bit 剪刀石頭布遊戲機	187
	實力評量	188

附錄

一、習題解答	192
二、Micro:bit 積木功能總表	207
三、本書使用元件總表	229
四、ASCII 碼	230
五、摩斯碼字元表	231
六、指南針圖片	231

Chapter 1
Micro:bit 微型電腦

　　本章將認識 micro:bit 微型電腦、程式語言的類型與積木的形狀及功能，再開始設計程式並由模擬器執行程式結果，同時應用手機設計 micro:bit 程式。

學習目標

1. 理解 micro:bit 主要功能。
2. 理解 micro:bit 程式語言的類型。
3. 能夠理解 micro:bit 的積木形狀與功能。
4. 能夠轉換 micro:bit 程式語言類型。
5. 能夠應用手機設計 micro:bit 程式。

Micro:bit 元件規劃表

Micro:bit 5×5 LED

Micro USB 連接線

電池盒與 2 個 AAA 電池（3V）

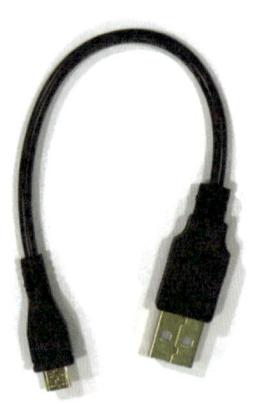

完成作品

模擬器

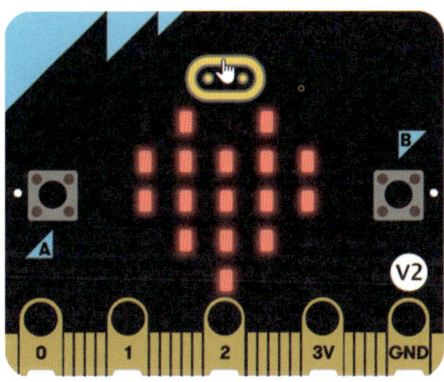

積木程式語言

JavaScript 程式語言

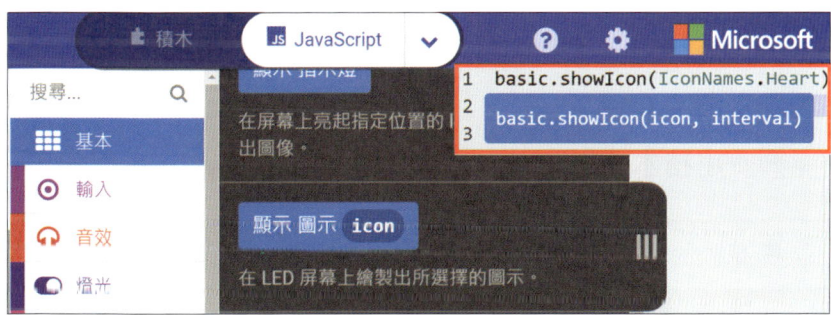

Python 程式語言

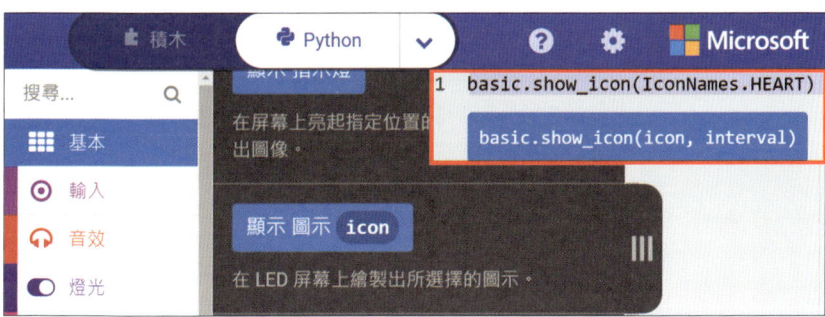

1-1　Micro:bit 微型電腦

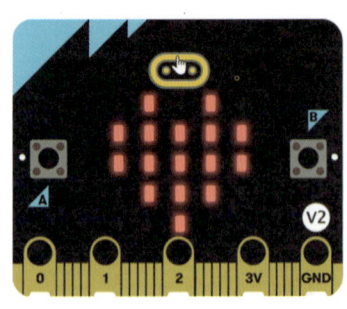

　　Micro:bit 是一個大小只有 4×6 公分，可以寫程式的微型電腦，由英國 BBC 廣播公司與微軟、三星及 ARM 等多家廠商共同合作開發，硬體版本分為 1.3x、v1.5 與 v2 三種，目前最新版本為 v2。Micro:bit 主要目的在讓英國的每一位學生能夠學習寫程式（coding），並且在設計程式時更容易上手（easy），結合更多硬體科技與創造更多學習樂趣（fun）。Micro:bit 具備下列特性，讓「寫程式」變得特別容易。

♥ **特性 1**：連線官網，利用手機、平板或電腦設計程式。

♥ **特性 2**：能夠使用**積木**（Blocks）、**JavaScript** 或 **Python** 程式語言編輯程式。

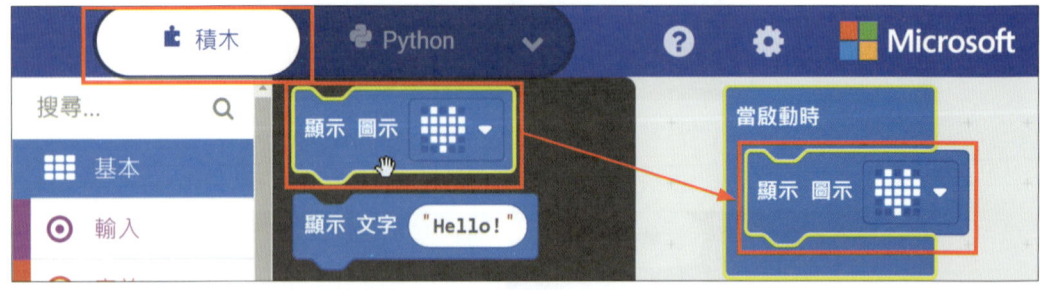

積木

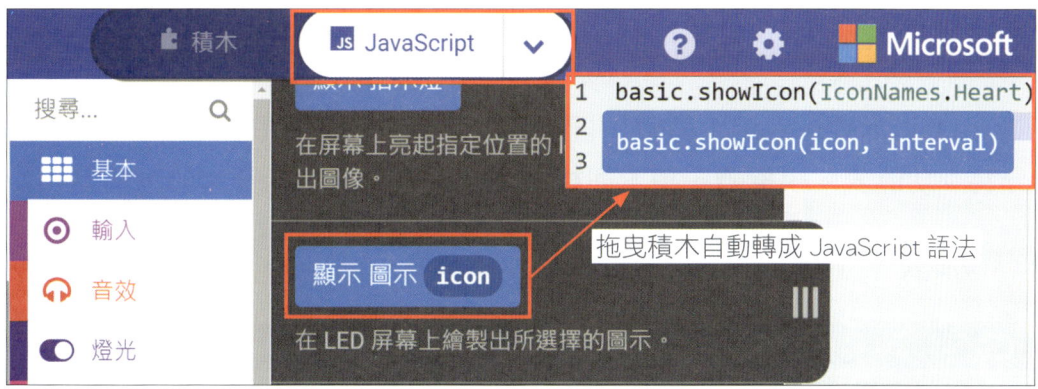

JavaScript

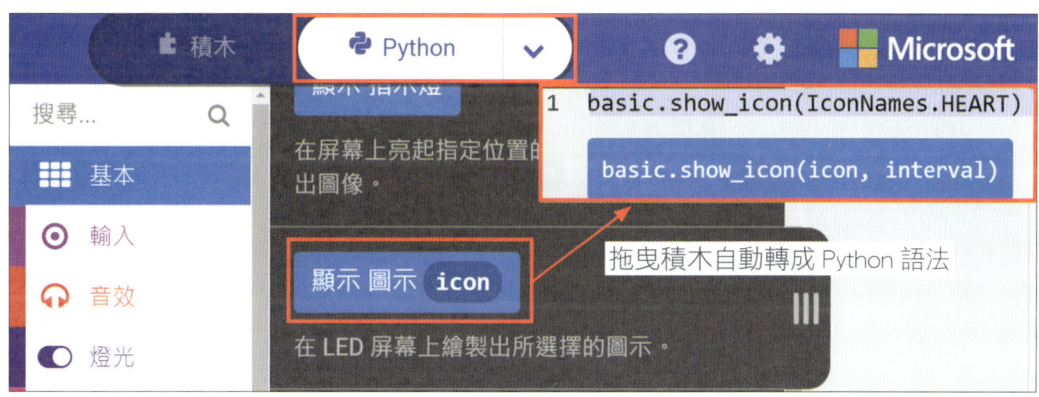

Python

💗 **特性 3**：模擬器執行結果。　　💗 **特性 4**：藍牙無線傳輸。

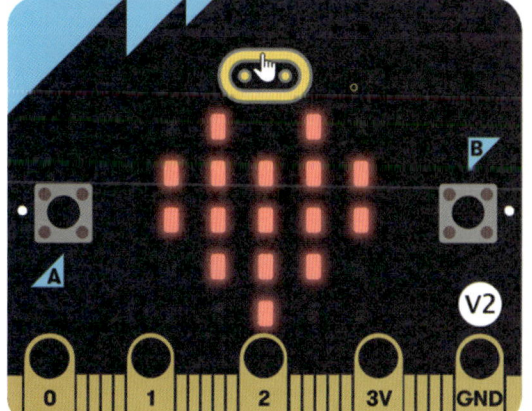 

💗 **特性 5**：能夠偵測聲音、溫度、光線、指南針方位、加速度重力或碰觸等。

1-2　MakeCode 編輯器

Micro:bit 以 Microsoft（微軟）開發的 MakeCode 編輯器設計程式。程式編輯視窗分為：功能表、模擬器、積木與程式，四個區域，功能分述如下。

一、功能表

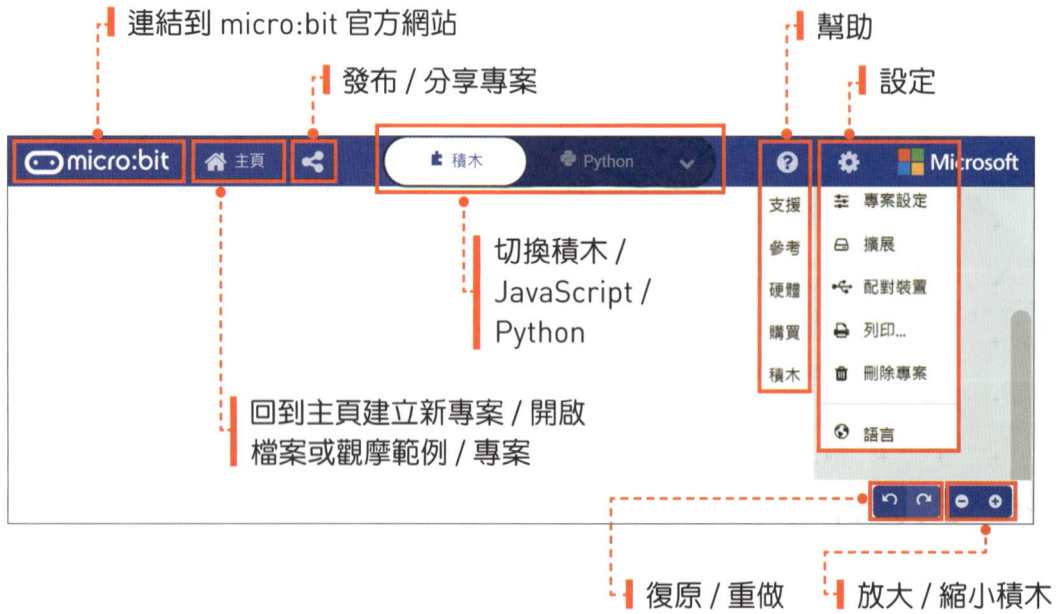

二、模擬器、積木與程式

　　MakeCode 編輯器的積木以顏色與形狀區分程式的執行功能，積木程式設計完成，模擬器自動執行程式結果。相關功能如下：

❶ 模擬程式執行結果

❷ 啟動或停止模擬器

❸ 重啟模擬器

❹ 切換偵錯模式

❺ 開啟或關閉音效

❻ 全螢幕

❼ 配對 micro:bit 並將程式下載到 micro:bit 執行

❽ 儲存到電腦或創建 GitHub

❾ 以不同形狀與顏色積木執行不同的功能

1-3 Micro:bit 程式語言的類型

Micro:bit 以**積木**（Blocks）、**JavaScript** 或 **Python** 三種程式語言，在 MakeCode 編輯器或 Python 編輯器中編輯程式。

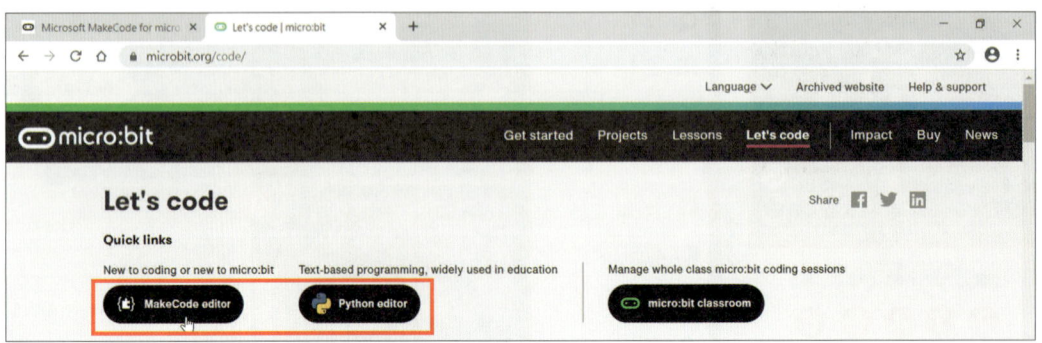

在 MakeCode 編輯器中，能夠選擇積木、JavaScript 或 Python 三種方式編輯程式。同時，以積木編輯的程式，只要點選 JavaScript 或 Python，能夠將積木語法轉換成 JavaScript 或 Python 語法。

小試身手 1　編輯積木程式　　　◎ 範例：microbit-ch1-1

請利用積木編輯程式，讓 micro:bit 顯示圖示。

Step 1 開啟瀏覽器，輸入網址 https://makecode.microbit.org/。

Step 2 點選【新增專案】，輸入專案名稱「ch1-1」，再按【創建】。

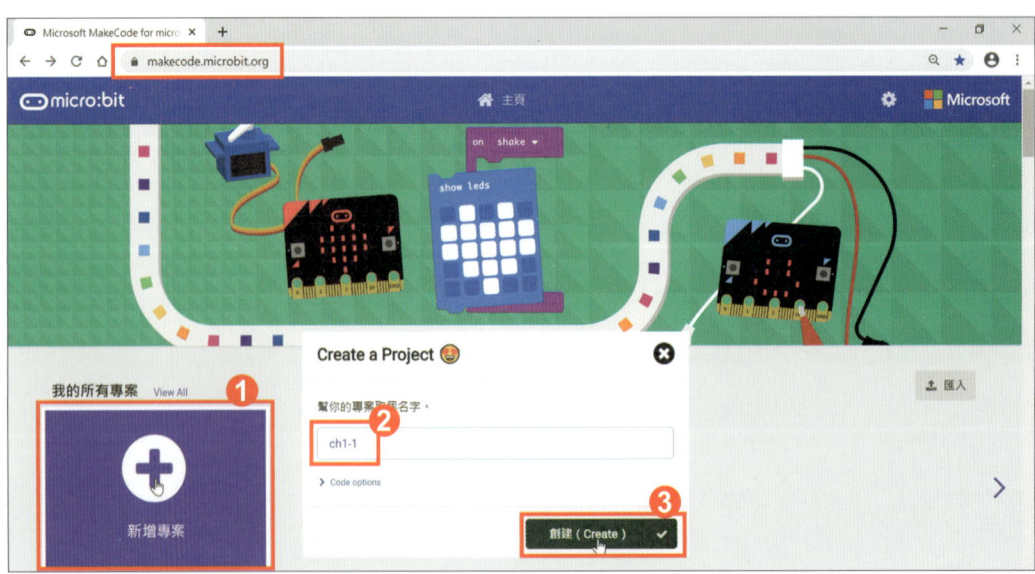

Step 3 點按 ，將  拖曳到 內層。

Step 4 檢查模擬器是否自動顯示愛心。

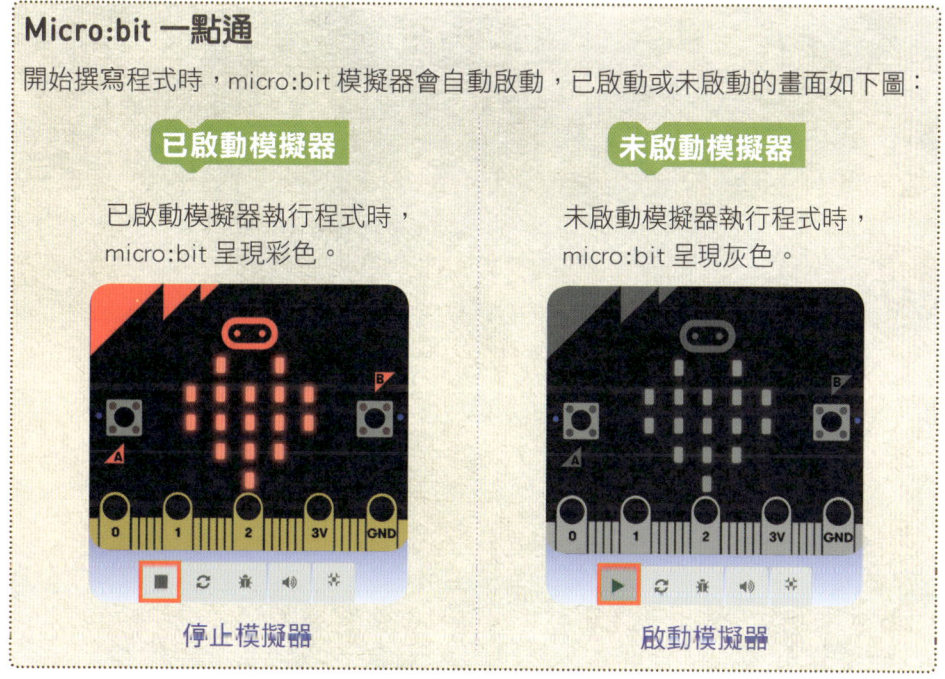

小試身手 2　積木轉換 JavaScript 與 Python　　◉ 範例：microbit-ch1-2

請將積木程式轉換成 JavaScript 與 Python。

Step 1 點按 JavaScript，再點選 JavaScript，將積木程式轉換成 JavaScript 語法。

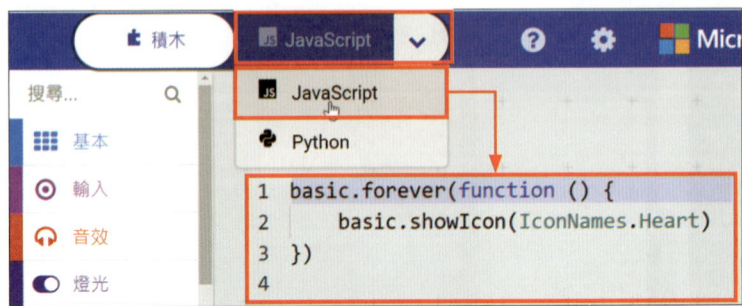

Step 2 點按 JavaScript，再點選 Python，將積木程式轉換成 Python 語法。

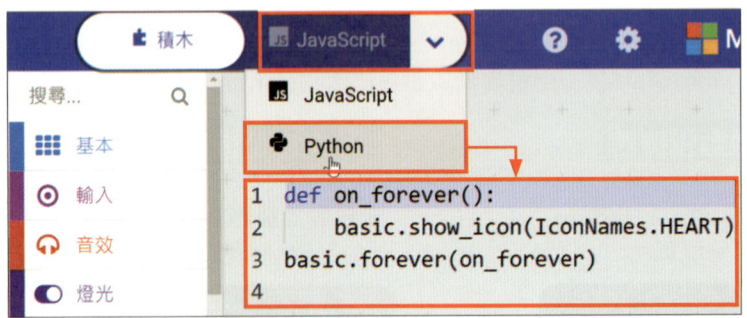

小試身手 3　Python 編輯器

◎ 範例：microbit-ch1-3

請利用 Python 編輯程式，讓 micro:bit 顯示圖示。

Step 1　在瀏覽器網址列輸入 https://python.microbit.org/v/2.0。

Step 2　以 Python 語法編輯程式，程式編輯完成，按【Download】（下載），點選【MICROBIT】設備，輸入檔名「microbit-ch1-3」，按【存檔】，將程式下載到 micro:bit 執行。

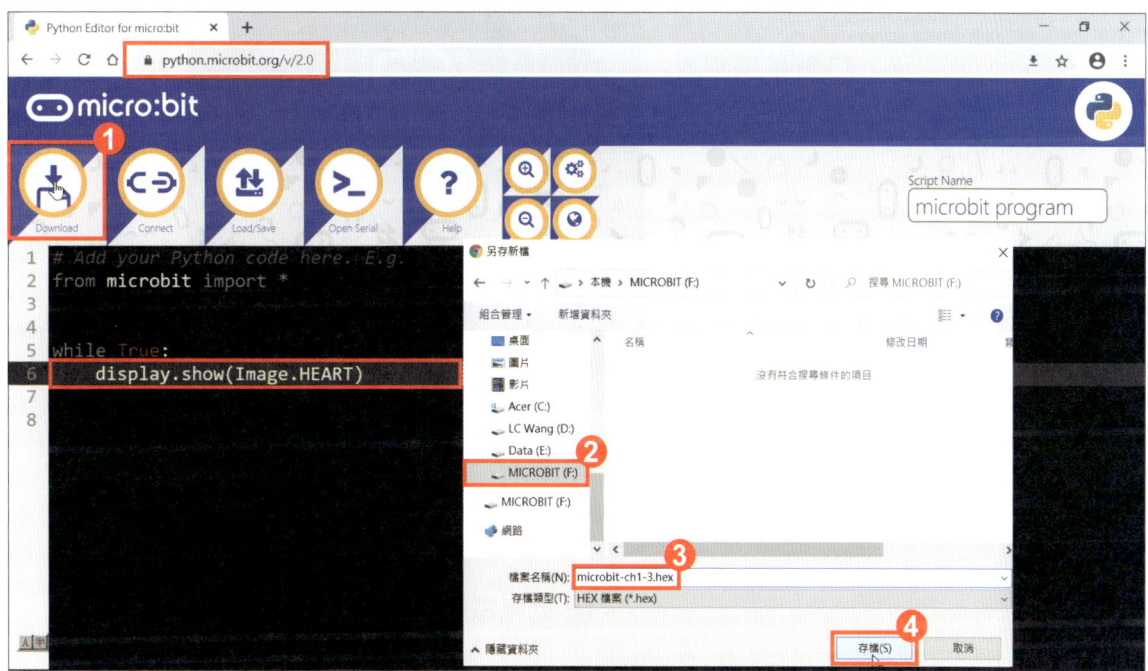

Step 3　檢查程式下載完成時，micro:bit 是否顯示愛心。

> **Micro:bit 一點通**
>
> 在 MakeCode 編輯器中，積木、JavaScript 或 Python 程式語言的語法雖然不一樣，但是程式執行結果相同，都是顯示愛心 LED。
>
> MakeCode 編輯器儲存檔名的前面會自動加入【microbit-檔名.hex】，副檔名為 .hex 代表十六進位。
>
> 在 Python 編輯器中，儲存的副檔案名為 .hex 才能在 MakeCode 編輯器開啟，若副檔名為 .py，無法在 MakeCode 編輯器中開啟檔案。

1-4　Micro:bit 主要功能

　　Micro:bit 屬於微型電腦，它就像縮小版的電腦，具備了電腦組成單元的所有功能，包括：輸入、輸出、處理器與記憶單元，如下圖所示。

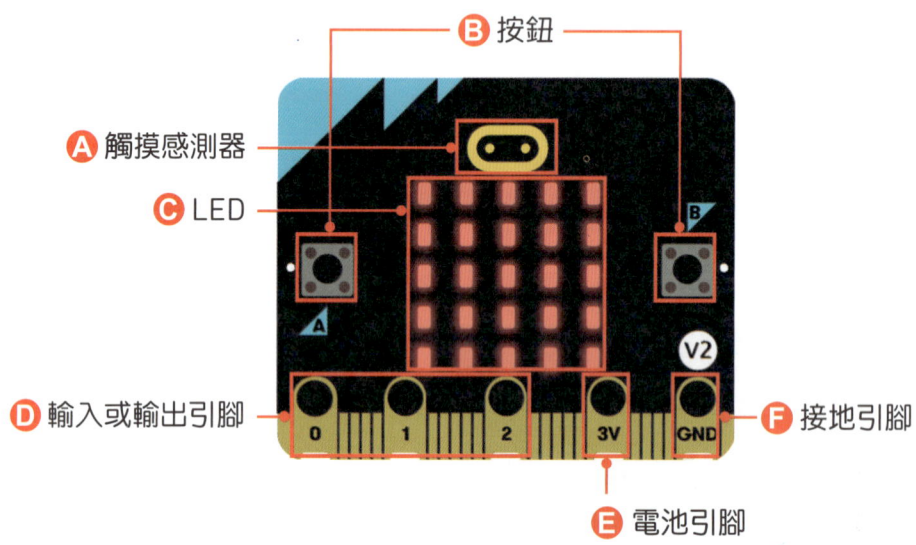

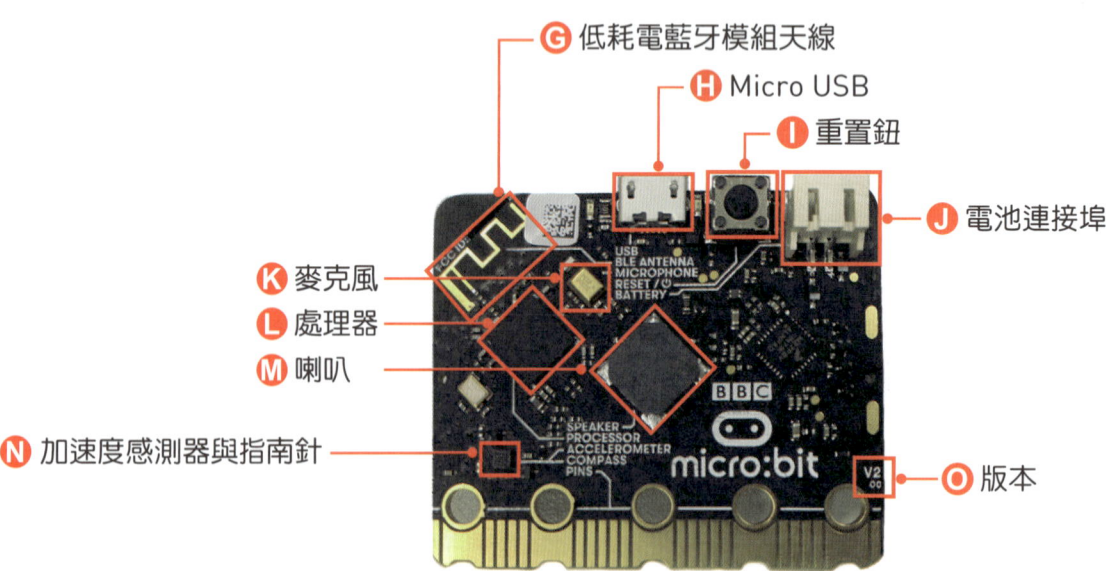

1. 輸入　Micro:bit 輸入包括 (1) 2 個按鈕；(2) 3 個數位或類比，輸入或輸出腳位；(3) 觸摸感測器、麥克風、加速度感測器（Accelerometer）及指南針（Compass）等感測器，負責將資料輸入到處理器。

2. 處理器　Micro:bit 內建 32 位元 ARM Cortex-M4 32 bit 處理器，負責處理輸入資料的運算及控制等。

3. 記憶單元　Micro:bit 的處理器內建 128KB 隨機存取記憶體（RAM）與 512KB 快閃記憶體（Flash ROM），負責暫存輸入或輸出的資料。

4. 輸出　Micro:bit 的輸出包括 (1) 25 個 LED，用來顯示輸出的數字或圖示；(2) 3 個數位或類比，輸入或輸出腳位，用來輸入或輸出資訊；(3) 喇叭，用來播放聲音。

> **小試身手 4**　下列 micro:bit 元件屬於微型電腦的哪一個功能，請將下列 A～D 代碼填入元件中：(A) 輸入；(B) 處理器；(C) 記憶單元；(D) 輸出。

(　　) 1. 觸摸感測器　　(　　) 3. 32 位元 ARM Cortex-M4

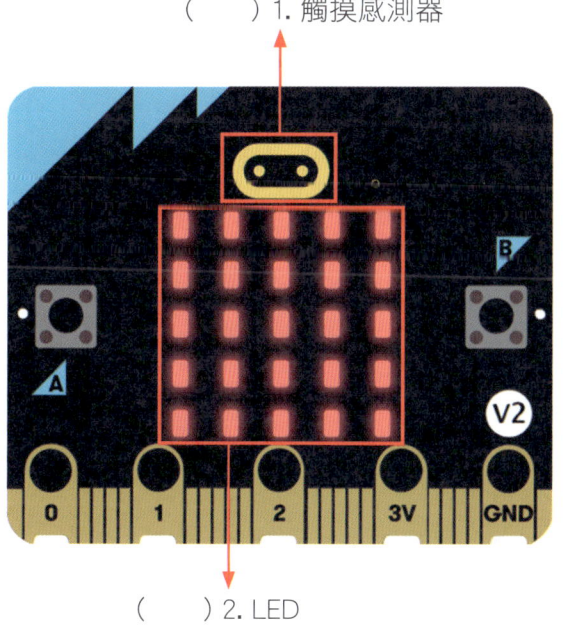

(　　) 2. LED　　　　　(　　) 4. 麥克風　　(　　) 5. 喇叭

Micro:bit 一點通

1. 最新版 micro:bit v2 新增觸摸感測器、麥克風與喇叭。v1.3x、v1.5 與 v2 主板的差異如下圖所示：

micro:bit v1.3x

micro:bit v1.5

micro:bit v2

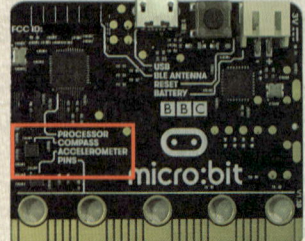

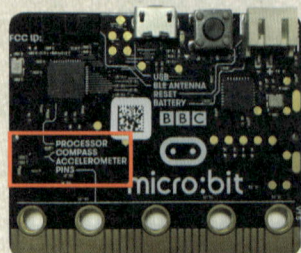

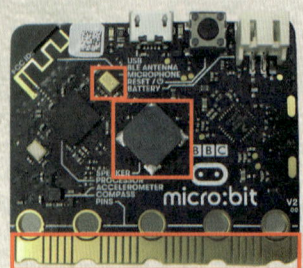

2. 三種版本 micro:bit 在 MakeCode 編輯程式畫面的差異如下：

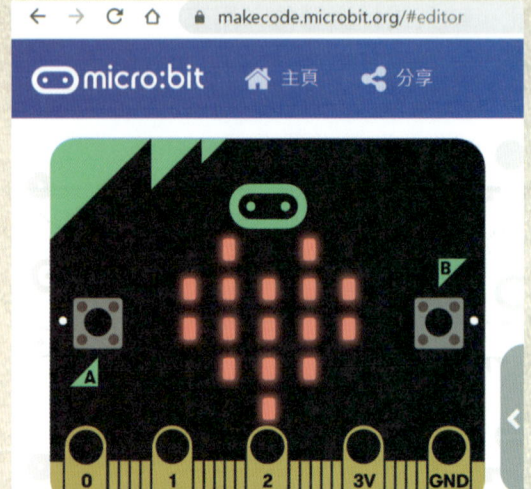

使用三種版本共同的感測器時，模擬器自動顯示 v1.3x 或 v1.5 主版的模擬畫面。

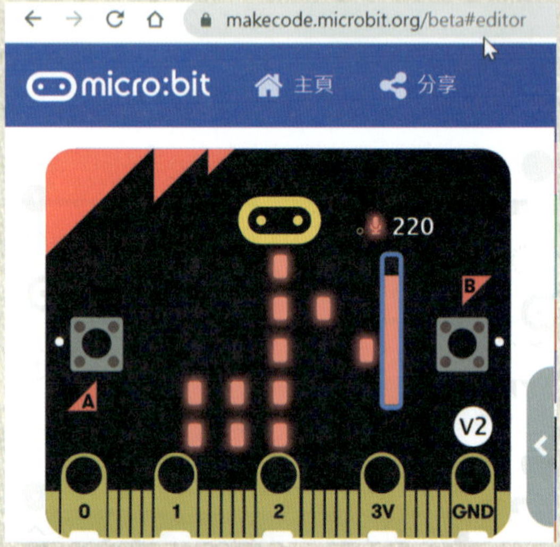

使用 v2 新增的麥克風、喇叭或觸摸感測器時，模擬器會自動切換成 v2 主版的模擬畫面。

註：本書範例及圖片皆以 v2 主版為主。

1-5　Micro:bit 積木形狀與顏色

　　Micro:bit 的積木形狀有匚形、長方型上凹下凸、橢圓形或六邊形等，代表啟動事件、堆疊組合、傳回值、迴圈或邏輯等多種功能。Micro:bit 的積木顏色則包括：基本、輸入、音效等 19 種功能。

一、啟動事件處理積木

　　Micro:bit 啟動事件處理積木，形狀類似注意符號的「匚」，例如：

，當事件發生時，開始執行匚內部程式。

積木實例	說明
按下按鈕【A】顯示文字 "Hello!"。	1. 啟動事件處理積木放在程式的最外層，匚形內含其他程式積木。當「按下按鈕【A】」事件發生時，啟動顯示文字 "Hello!"。 2. 未發生按下按鈕【A】的事件，就不會執行程式，沒有顯示任何文字。

二、堆疊積木

Micro:bit 堆疊積木，形狀上凹下凸，例如： 或 ，多個上凹下凸積木可以組合在一起，由上而下依序執行程式。

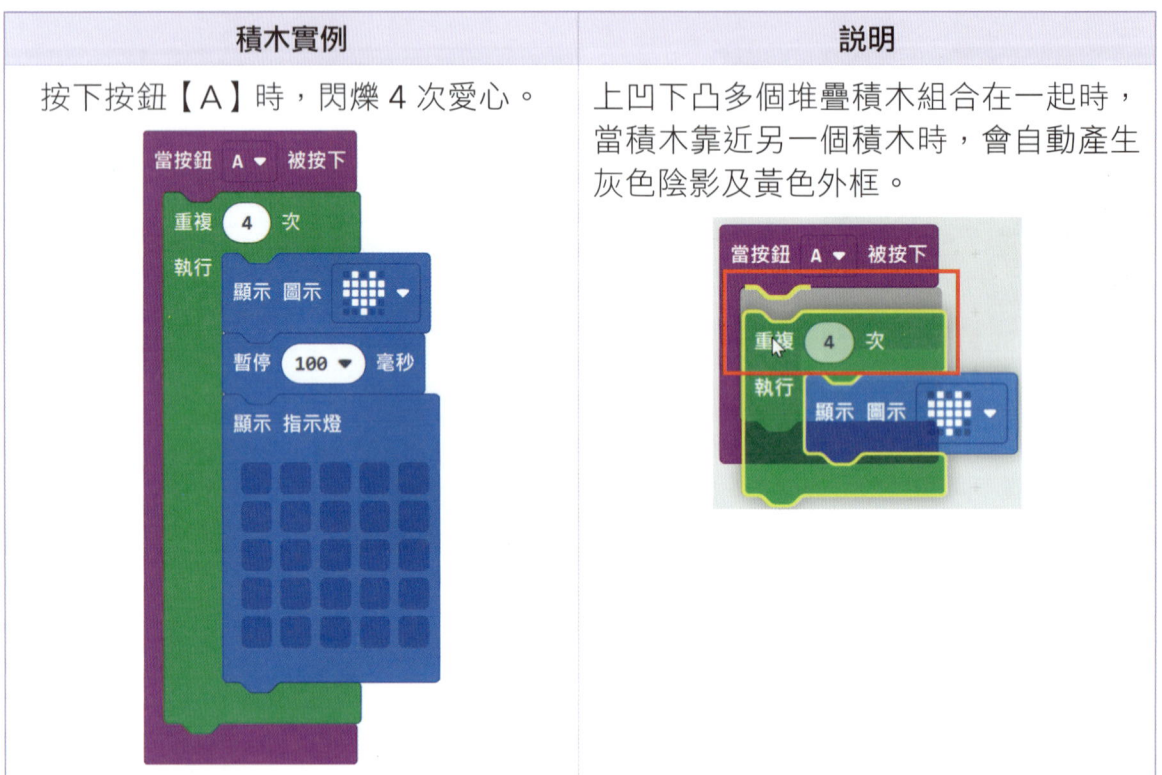

三、傳值積木

Micro:bit 傳值積木形狀為橢圓形，例如：磁力感測值（μT） x 或 隨機取數 0 到 10。主要的功能用來傳回 0～9 的數字或文字。

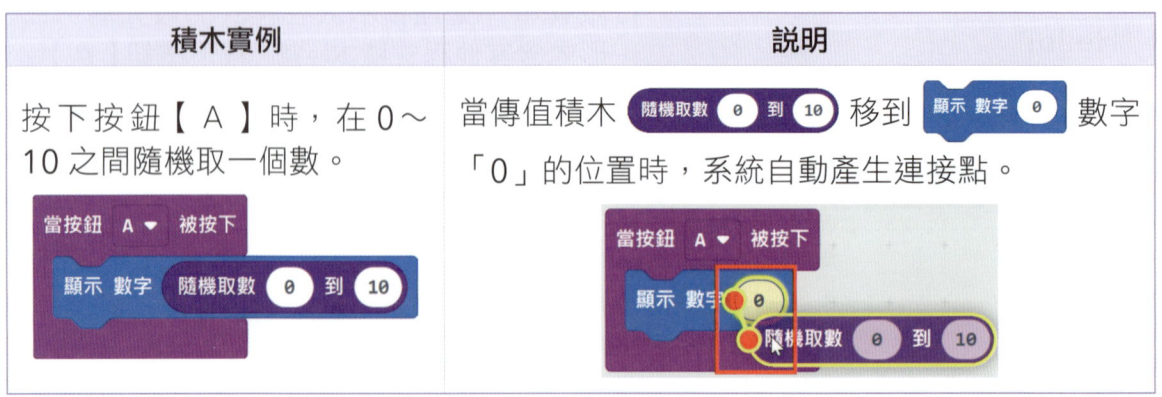

四、迴圈或條件積木

　　Micro:bit 迴圈或條件積木，形狀類似注意符號的「匸」，同時上凹下凸，上下皆可堆疊其他積木，例如：迴圈積木或條件積木，這些積木主要的功能用來重複執行匸形內的程式或判斷是否執行匸形內的程式。

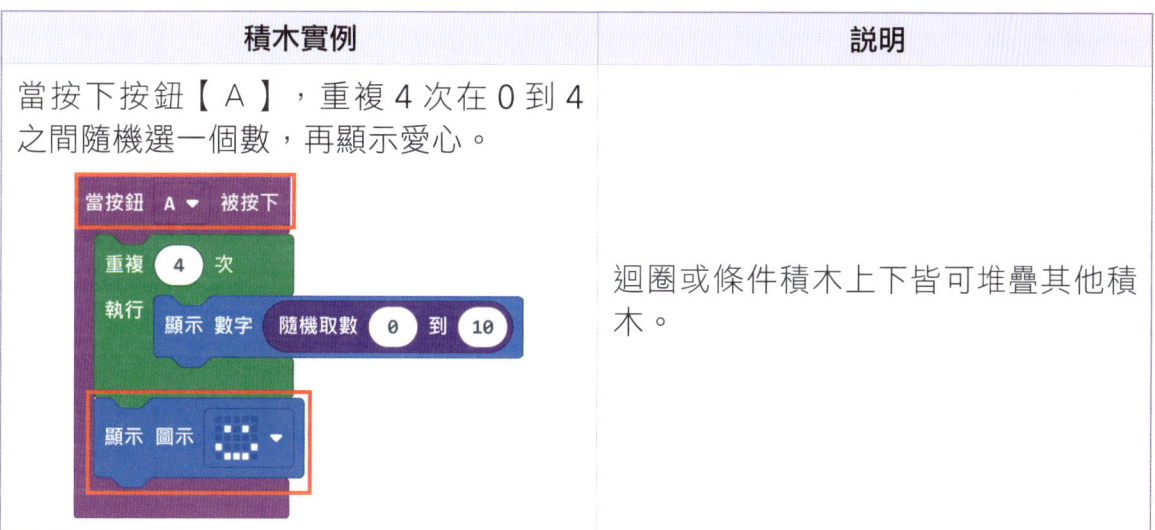

五、邏輯判斷積木

　　Micro:bit 邏輯判斷積木，形狀為六邊形，例如：比較積木、布林積木或 邏輯判斷積木，這些積木主要的功能用來邏輯判斷六邊形的條件是否成立，傳回 true（真）或 false（假）的值。

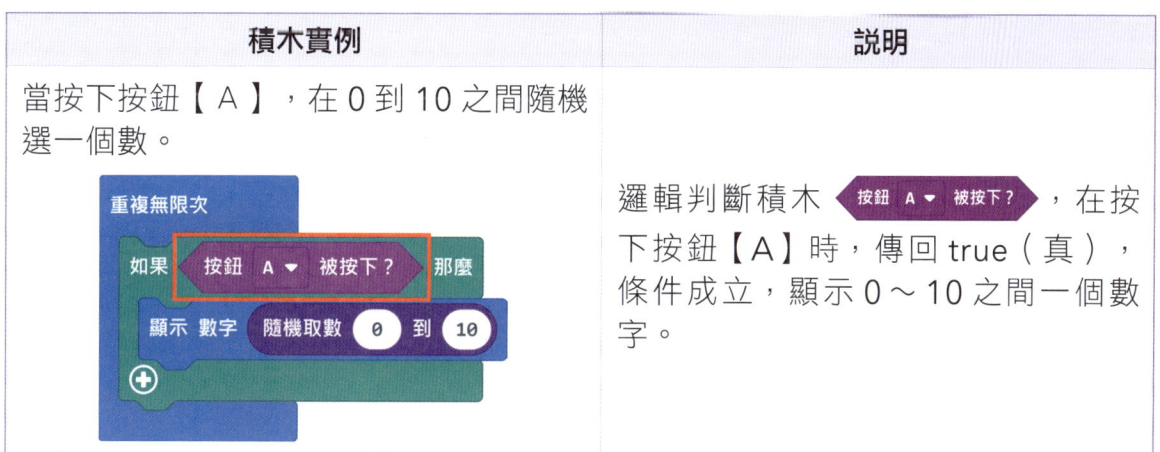

用 micro:bit V2.0 學運算思維與程式設計

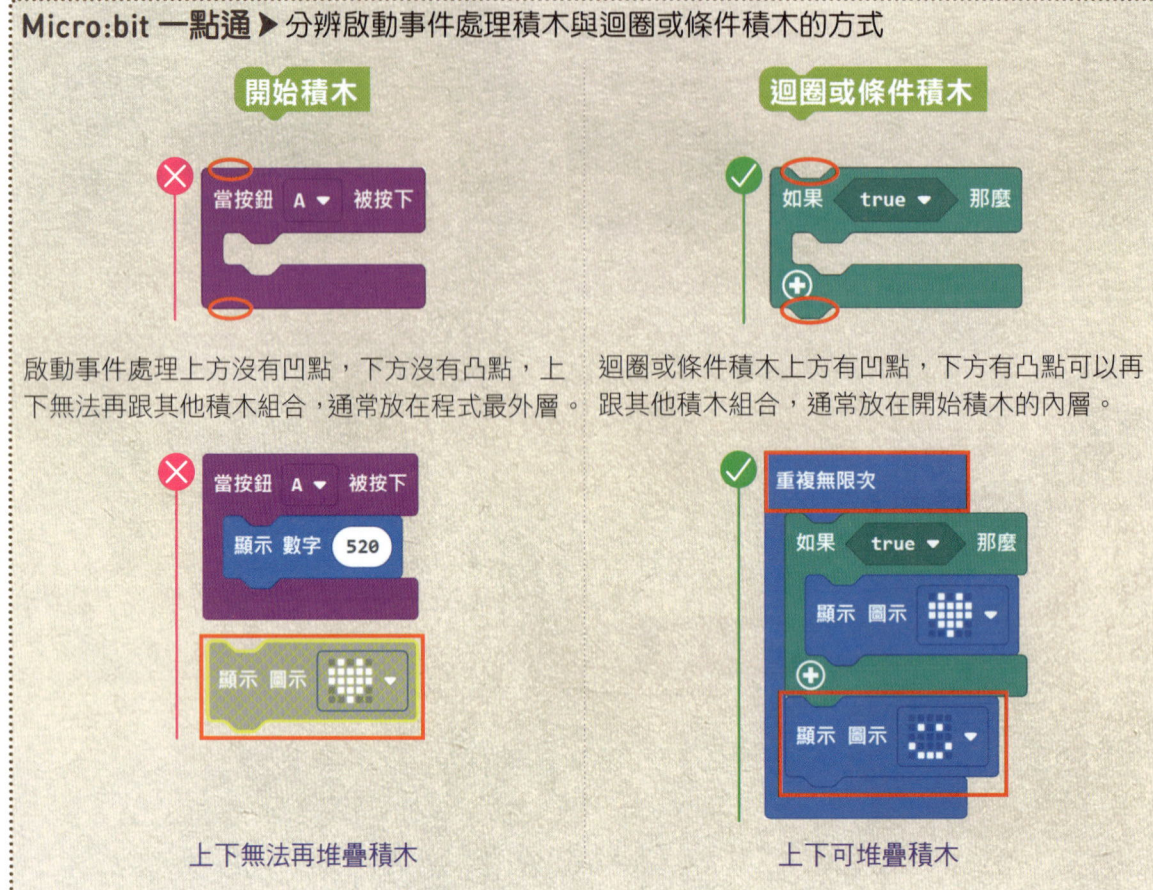

Chapter 1　Micro:bit 微型電腦　19

小試身手 5　比比看誰的數字大　◉ 範例：microbit-ch1-4

Step 1 開啟瀏覽器，輸入網址 https://makecode.microbit.org/。

Step 2 點選【新增專案】，輸入專案名稱「ch1-4」，再按【創建】。

Step 3 點按 ◉ 輸入，將 `當按鈕 A 被按下` 拖曳到程式區。

Step 4 點按 ▦ 基本，拖曳 `顯示 數字 0` 到 `當按鈕 A 被按下` 內層。

Step 5 按 ▦ 數學，拖曳 `隨機取數 0 到 10` 移到 `顯示 數字 0` 數字「0」的位置，將 10 改為【99】。

Step 6 ◉ 按下 micro:bit 模擬器按鈕【A】，檢查 LED 是否顯示 0～99 其中一個數。

1-6　手機設計 micro:bit 程式

本節將利用手機跟 micro:bit 藍牙配對、利用手機設計程式、儲存程式再下載到 micro:bit 執行程式結果。

一、連接並下載 APP

將手機跟 micro:bit 藍牙配對時，首先將 micro:bit 連接電源並在手機下載 APP。

Step 1　將 micro:bit 連接電池或電腦。

Step 2　【手機】play 商店或 APPStore 下載 micro:bit APP。

Step 3　【手機】開啟藍牙、並開啟手機 APP 。

連接電池

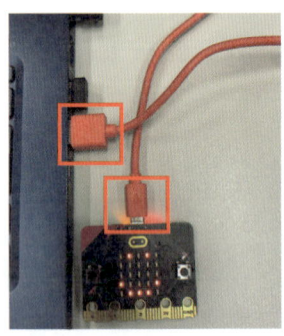
連接電腦

二、藍牙配對

藍牙配對前，請先確認手機的藍牙已開啟。配對方式如下：

Step 1　選擇 micro:bit。

Step 2　配對 micro:bit。

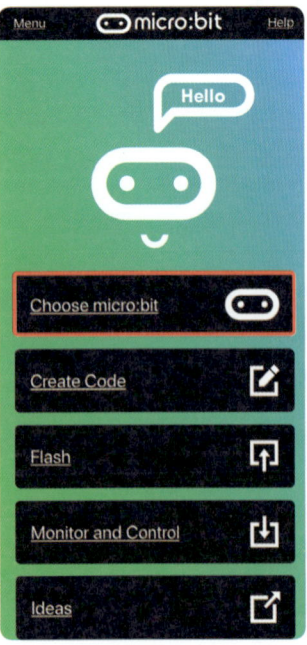

Chapter 1　Micro:bit 微型電腦　21

Step 3　如手機操作畫面，同時按住 micro:bit 的按鈕【A】與【B】與【Reset】。

同時按住【A】與【B】與背面的【Reset】

Step 4　放開【Reset】（繼續按住按鈕【A】與【B】），直到 micro:bit 顯示圖案，再放開按鈕【A】與【B】。

Step 3 先按住，Step 4 再放開

Step 5　再按手機的【Next】。

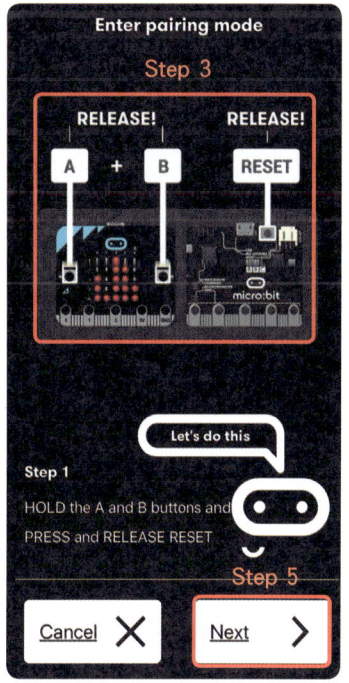

Step 6　依據 micro:bit 圖形，在手機點按跟 micro:bit 相同圖形。

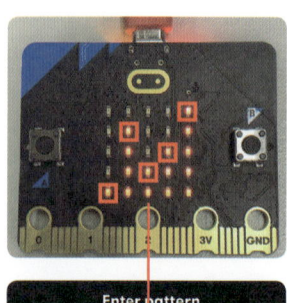

Step 7　圖形正確，按【Next】。

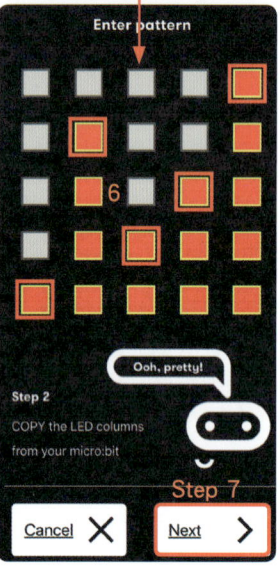

Step 8　如手機畫面，按下 micro:bit 按鈕【A】。

Step 9　再按手機【Next】。

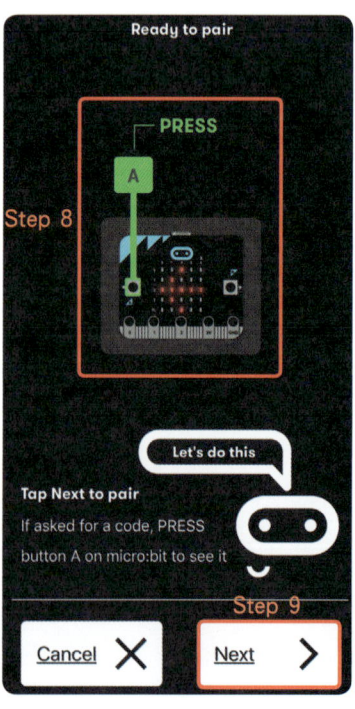

Chapter 1　Micro:bit 微型電腦　23

Step 10　點按【配對】，進行手機與 micro:bit 藍牙配對。

Step 11　開始連接藍牙。

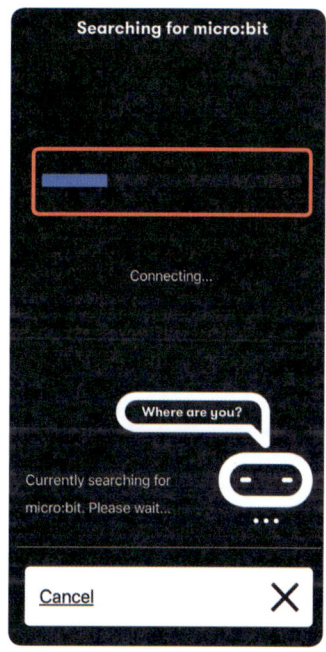

Step 12　配對成功，點按【OK】。

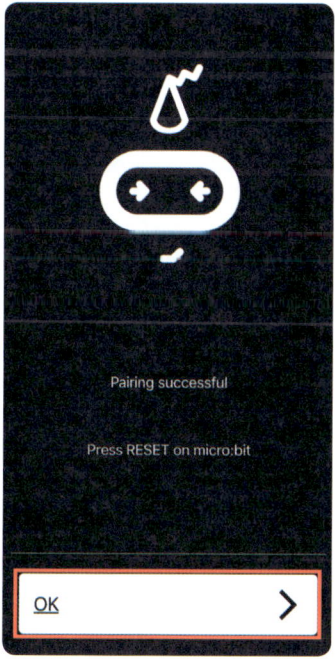

Step 13　顯示配對的 micro:bit。

Step 14　按【Home】回到選單，開始設計程式。

三、手機設計程式

利用手機設計程式、儲存程式,並下載到 micro:bit 執行程式結果。手機 APP 設計程式的視窗與電腦版相同。

Step 1 點按【創建程式】。

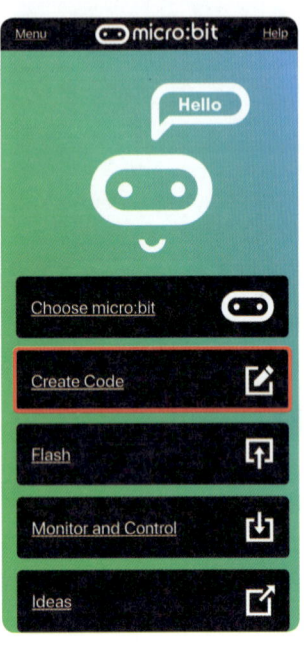

Step 2 點按【新增專案】。

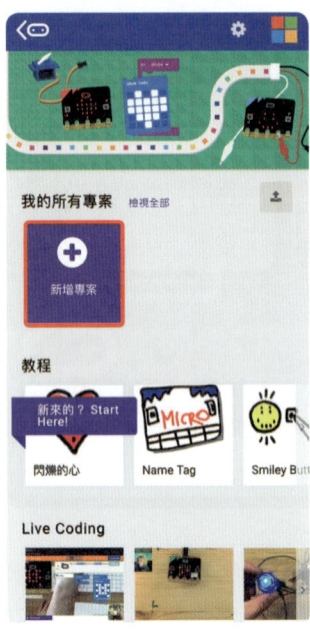

Step 3 輸入「專案名稱」,再點擊【創建】。

Step 4 開始設計程式,程式設計完成,點擊【micro:bit 圖示】,以模擬器執行結果。或按【下載】下載程式。

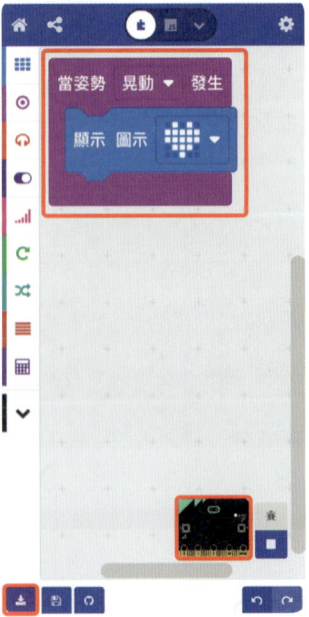

Step 5　micro:bit 模擬器執行結果。

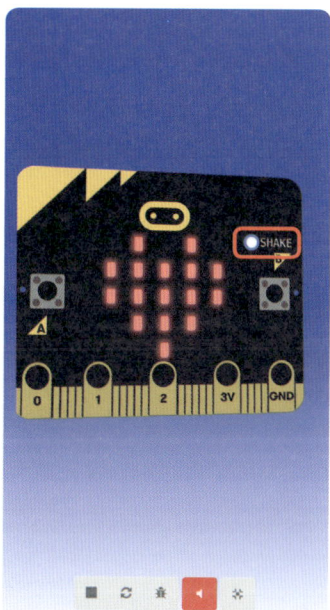

Step 6　或按下載，將程式上傳到 micro:bit。

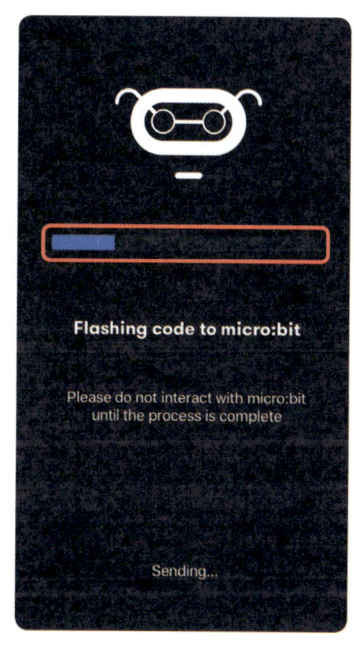

Step 7　上傳時 micro:bit 同步以 LED 顯示上傳進度。

Step 8　上傳時會搜尋 micro:bit，如果未配對，請再次同時按「【A】+【B】+【Reset】」重新配對。

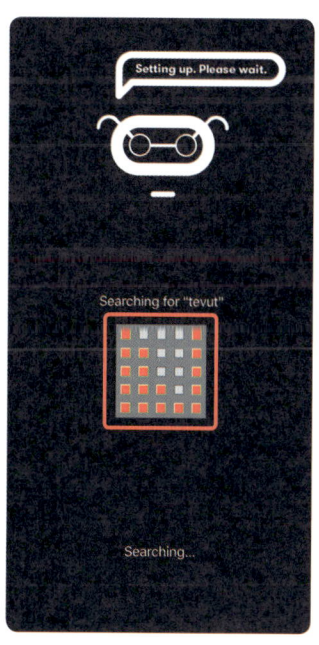

Step 9 上傳完成按【OK】。

Step 10 晃動 micro:bit 顯示程式執行結果。

實力評量

填充題

1. 請將 micro:bit 組成元件代碼填入下圖中：
   (A) 觸摸感測器　(B) 3V 電池腳位　(C) 處理器　(D) 麥克風
   (E) 加速度感測器。

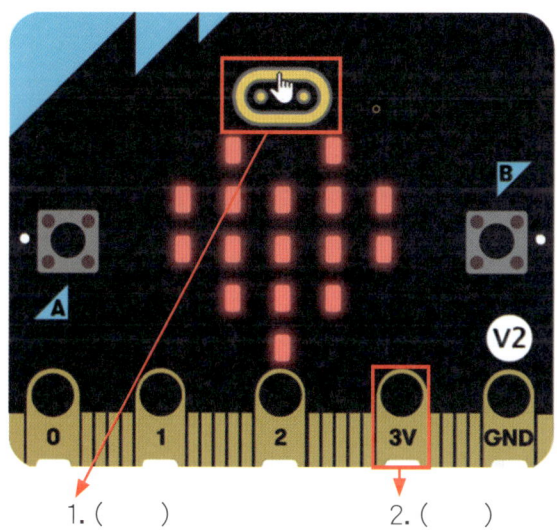 

1.（　）　　　2.（　）　　　3.（　）　　4.（　）　　5.（　）

實作題

1. 請以輸入積木設計程式「當按住 logo，顯示愛心圖示」。

2. **題目名稱**：手機設計程式
   題目說明：請將手機藍牙與 micro:bit 藍牙配對，利用手機設計程式「當按下按鈕【B】，在班級人數，例如 1 到 25 號之間隨機取一個號碼」、儲存檔案，再將程式下載到 micro:bit 執行結果。

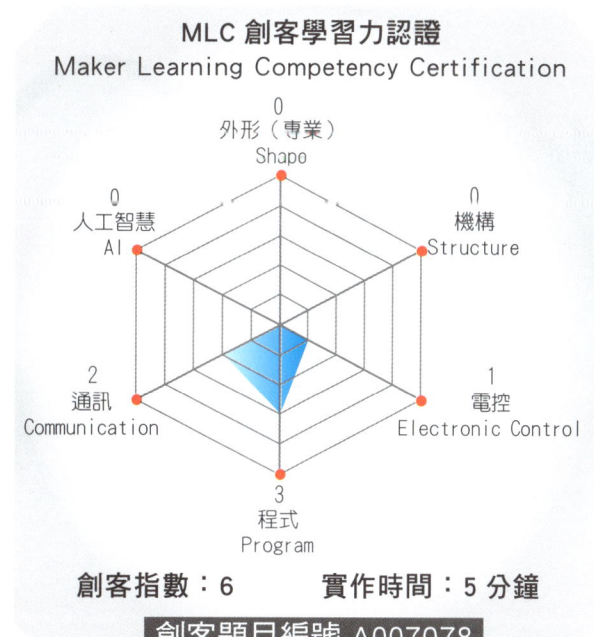

Chapter 2
心動 99

生活中遇到重大節日或心儀對象時，如何表達自己的情感呢？本章將利用 micro:bit 設計心動 99 情感表達。當按下按鈕【A】，micro:bit 的 LED 顯示「520」；當按下按鈕【B】，micro:bit 的 LED 顯示「I Love You」；當同時按下按鈕【A】與【B】，micro:bit 的 LED 顯示愛心；當偵測到聲音，愛心跳動 99 次。

> **學習目標**
> 1. 理解 micro:bit 5 × 5 LED 與按鈕。
> 2. 理解控制 LED、按鈕與麥克風相關積木的功能。
> 3. 能夠應用 LED 顯示數字、文字與圖示。
> 4. 能夠應用按鈕與聲音啟動程式執行。
> 5. 能夠下載程式到 micro:bit 執行結果。

Micro:bit 元件規劃表

Micro:bit 5×5 LED

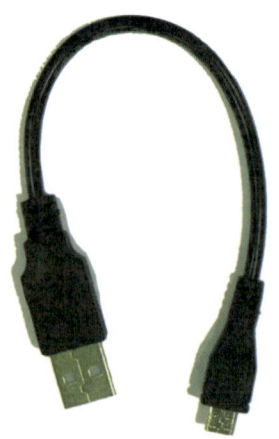

Micro USB 連接線

電池盒與 2 個
AAA 電池（3V）

完成作品

模擬器

實體

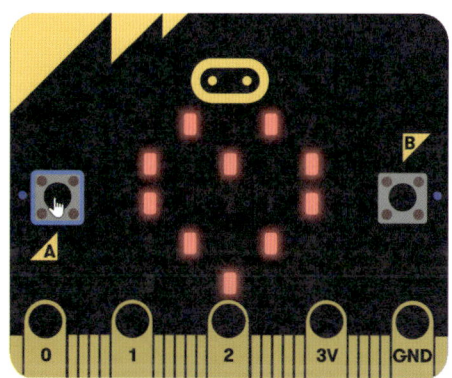

2-1　Micro:bit 基本元件 - LED、按鈕與麥克風

本章將使用 Micro:bit 主板上的基本元件包括：LED、按鈕與麥克風，利用按鈕或聲音點亮 LED。

一、LED、按鈕與麥克風

Micro:bit 正面包含 5 × 5 LED 及【A】與【B】兩個按鈕與麥克風，如下圖所示。

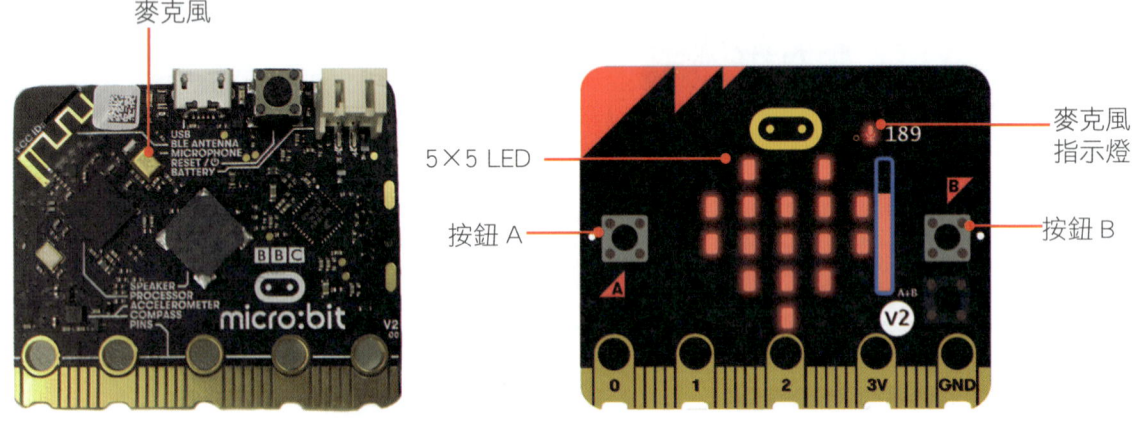

二、LED 與按鈕積木

1. LED 積木

下列 基本 積木中，利用 LED 顯示數字、文字或繪圖。在 燈光 積木中，可以單獨點亮個別的 LED 並設定亮度，將在後續章節介紹。

功能	積木	說明
顯示數字	顯示 數字 0	在 LED 螢幕上顯示 1 位數字。如果大於 2 位以上的數字，以跑馬燈方式往左滑動顯示。
顯示文字	顯示 文字 "Hello!"	在 LED 螢幕上顯示 1 個文字（A～Z，0～9 或符號）。如果大於 2 位以上的文字，以跑馬燈方式往左滑動顯示。

功能	積木	說明
顯示圖示	顯示 圖示	在 LED 螢幕上顯示選擇的圖示。內建預設悲傷或剪刀等 40 種圖示。
自訂點亮圖示或關閉	顯示 指示燈	在 LED 螢幕上顯示圖像。 1. 白色：點亮顯示。 2. 未亮燈：不顯示。
關閉	清空 畫面	關閉 LED 螢幕上點亮的所有燈。
暫停	暫停 100 毫秒	暫停執行程式。 ms：毫秒；100 毫秒＝ 0.1 秒。

2. 按鈕與麥克風積木

下列 輸入 積木中，按鈕積木主要功能為按下按鈕時開始執行程式，或者判斷是否按下按鈕；麥克風積木則是用來偵測麥克聲音的音量值。

功能	積木	說明
按下按鈕	當按鈕 A 被按下 A B A+B	當按下 micro:bit 上的按鈕【A】、【B】或同時按下【A】與【B】，開始執行內層程式。

功能	積木	說明
判斷是否按下按鈕	按鈕 A▼ 被按下？ ✓ A 　B 　A+B	判斷是否按下 micro:bit 的按鈕【A】、【B】或同時按下【A】與【B】。 傳回值：「true」（真）按下按鈕。 「false」（假）未按下按鈕。
有聲音啟動	on 聲響▼ sound	當偵測到 micro:bit 的麥克風聲音或麥克風靜音時，開始執行程式。

小試身手 1　開啟與關閉 LED　　◎ 範例：microbit-ch2-1

請設計按下按鈕【A】顯示圖示、按下按鈕【B】關閉 LED。

Step 1 開啟瀏覽器，輸入網址 https://makecode.microbit.org/。

Step 2 點選【新增專案】，輸入專案名稱「ch2-1」，再按【創建】。

Step 3 點按 ⊙ 輸入，將 當按鈕 B▼ 被按下 拖曳到程式區。

Step 4 點按 基本，拖曳 顯示 圖示 到 當按鈕 B▼ 被按下 內層。

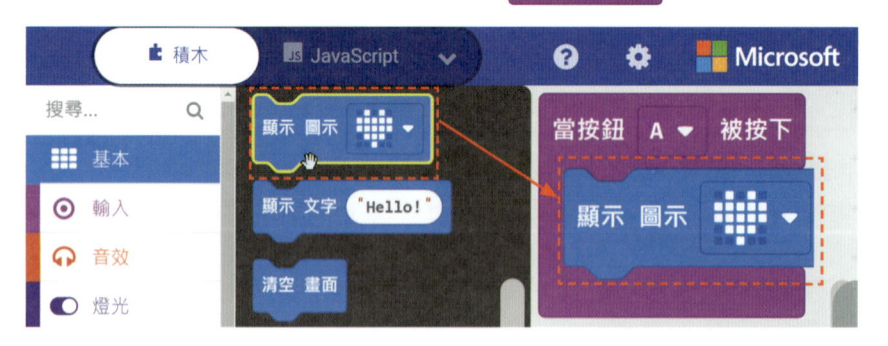

Chapter 2 心動 99　　33

Step 5 點按 ▦ ，點選喜歡的圖示。

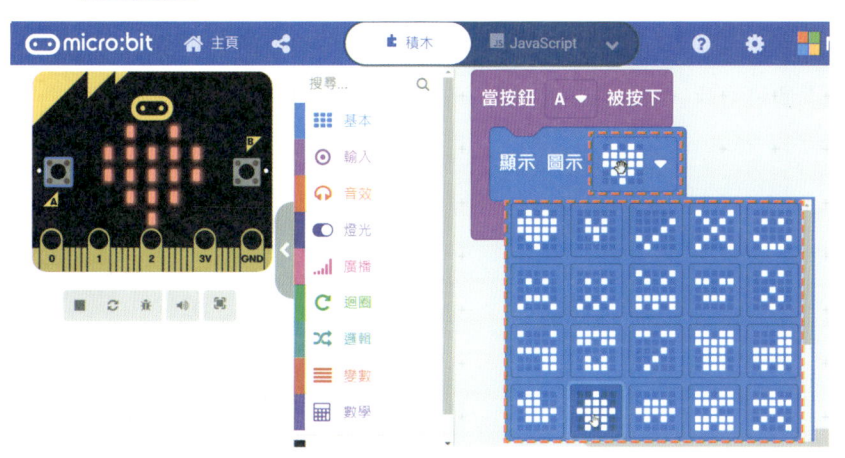

Step 6 按下按鈕【A】，檢查是否顯示圖示。

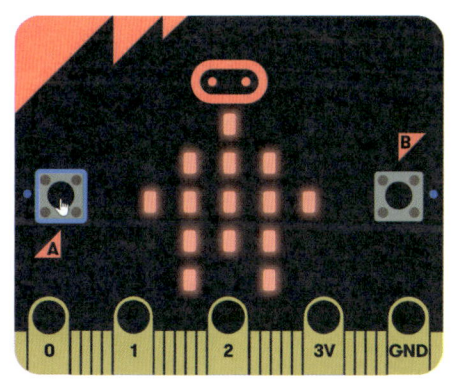

Step 7 點按 ⊙ 輸入，將 `當按鈕 A▼ 被按下` 拖曳到程式區，點選【B】。

Step 8 點按 ▦ 基本，拖曳 `清空 畫面` 到 `當按鈕 B▼ 被按下` 內層。

Step 9 按下按鈕【B】，檢查是否關閉愛心。

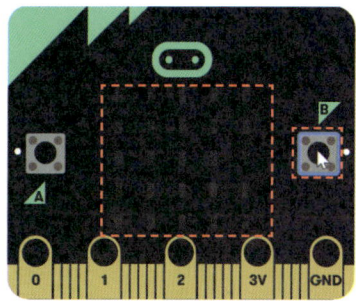

Micro:bit 一點通

當按下按鈕【A】，在程式區僅能執行一個 ⟨當按鈕 A 被按下⟩，因此，新增第二個按下按鈕【A】的積木時，系統會自動停用。勾選【B】之後停用積木會再次重新啟動。

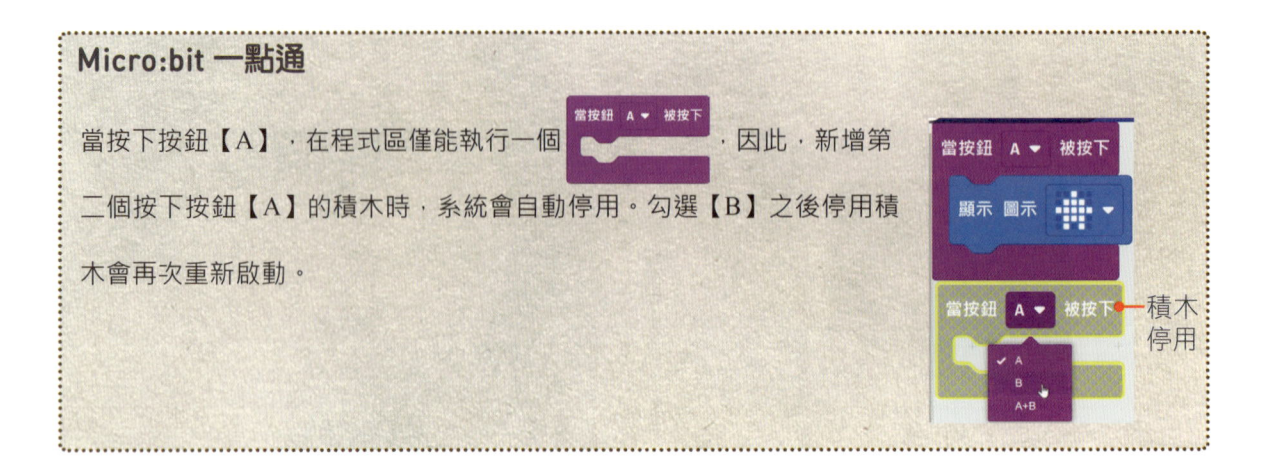

2-2 迴圈－重複執行 n 次

迴圈就是重複執行某一段程式，在 ⟨C 迴圈⟩ 積木中，「重複執行 n 次」積木以參數值（4）重複執行內層程式積木 4 次。

重複執行 n 次流程

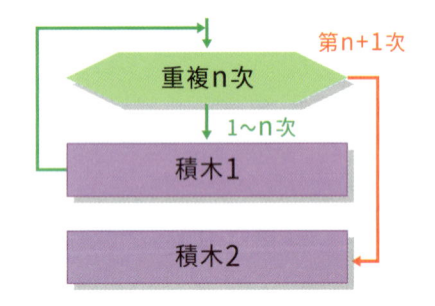

重複執行 n 次程式積木

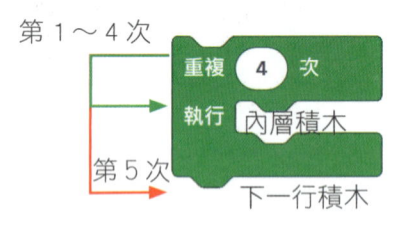

小試身手 2　閃爍 4 次 LED 圖示
◎ 範例：microbit-ch2-2

請設計按下按鈕【A+B】，重複閃爍 LED 圖示。

Step 1 續接小試身手 1，在 ⟨當按鈕 A 被按下⟩ 按右鍵【複製】，並勾選【A＋B】。

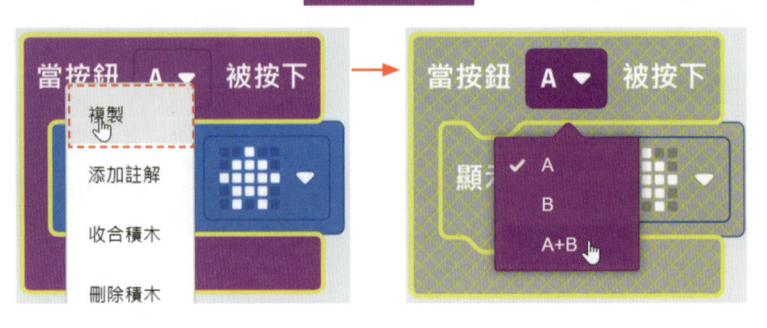

Chapter 2　心動 99　35

Step 2 點按 C 迴圈，將 [重複 4 次 執行] 拖曳到 [顯示 圖示] 的外層。

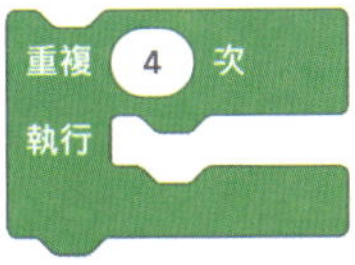

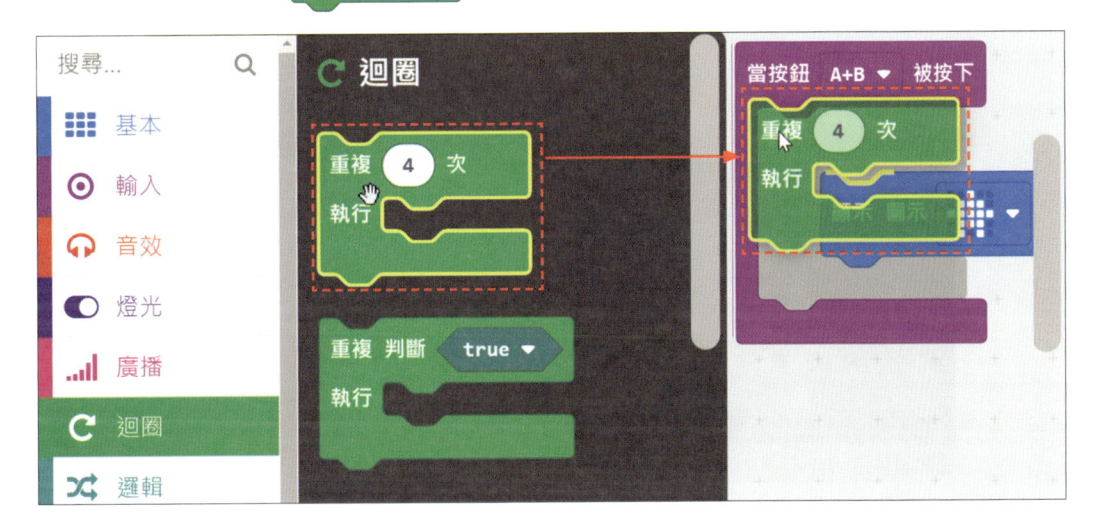

Step 3 點按 基本，拖曳 [暫停 100 毫秒]

與 [顯示 指示燈] 到重複執行 4 次的內層，

顯示房屋圖示 0.1 秒之後，再關閉 LED 螢幕。

Step 4 按下按鈕【A+B】，檢查房屋是否每隔 0.1 秒閃爍 4 次。

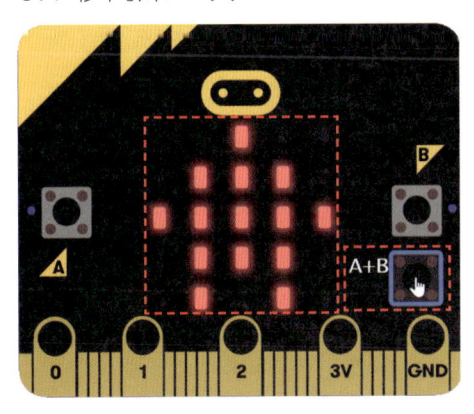

Micro:bit 一點通

偵錯與慢速模式

點擊 🐞 偵錯模式，再按 🐢 慢速模式，按下按鈕【A】+【B】，模擬器會顯示程式積木執行的每一個步驟。

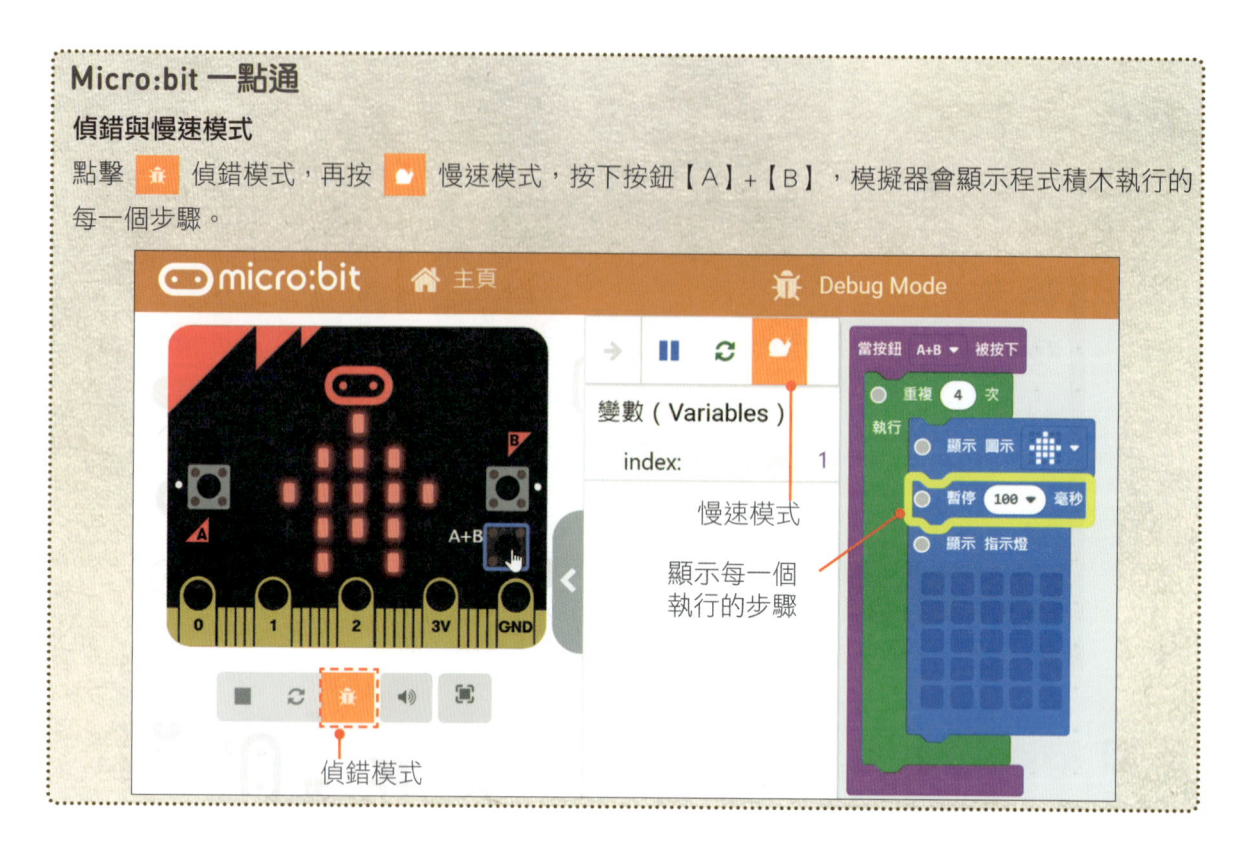

小試身手 3　自訂 I Love You 圖示　　　◉ 範例：microbit-ch2-3

請利用顯示指示燈，自訂 LED 圖示。

Step 1 擊 ⬛micro:bit 或 🏠主頁，回到 makecode 主頁。點選【新增專案】，輸入專案名稱「ch2-3」，再按【創建】。

Step 2 點按 ⊙輸入 與 ▦基本，拖曳 3 個 顯示指示燈，分別點亮指示燈，設計「I Love You」3 張圖示。

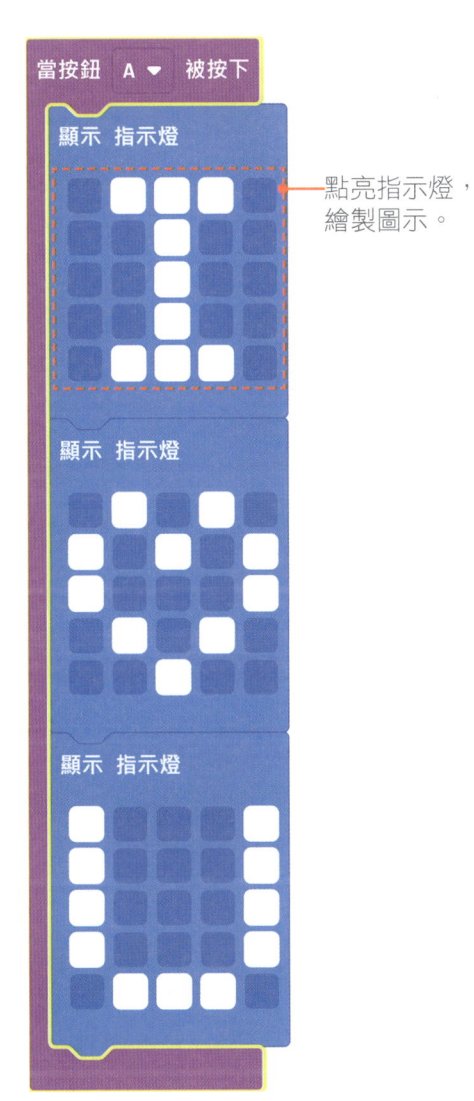

Chapter 2 心動 99

點亮指示燈，繪製圖示。

Step 3 按下按鈕【A】，檢查是否顯示「I Love You」動畫圖示。

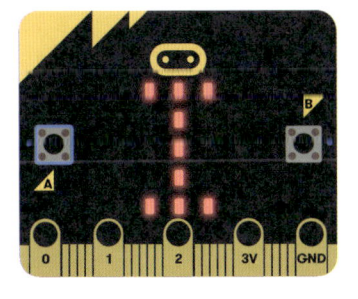

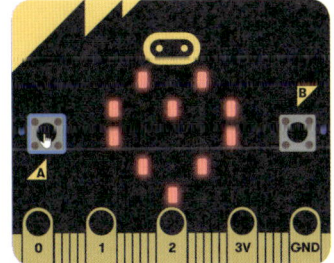

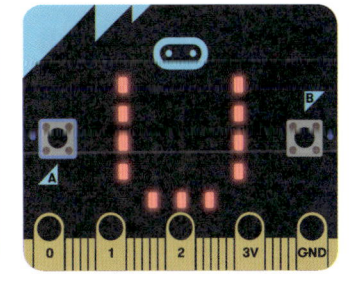

2-3　心動 99 情境與流程規劃

生活中遇到重大節日或心儀對象時，如何表達自己的情感呢？本節將利用 micro:bit 設計心動 99 情感表達。當按下按鈕【A】，micro:bit 的 LED 顯示「520」；當按下按鈕【B】，micro:bit 的 LED 顯示「I Love You」；當同時按下按鈕【A】與【B】，micro:bit 的 LED 顯示愛心；當麥克風偵測到聲音時，愛心跳動 99 次。

一、心動 99 情境解析

1. 當按下按鈕【A】時，micro:bit 的 LED 顯示「520」。
2. 當按下按鈕【B】時，micro:bit 的 LED 顯示「I Love You」。
3. 當同時按下按鈕【A】與【B】時，micro:bit 的 LED 顯示愛心。
4. 當麥克風偵測到聲音時，LED 顯示的愛心跳動 99 次。

二、心動 99 執行流程

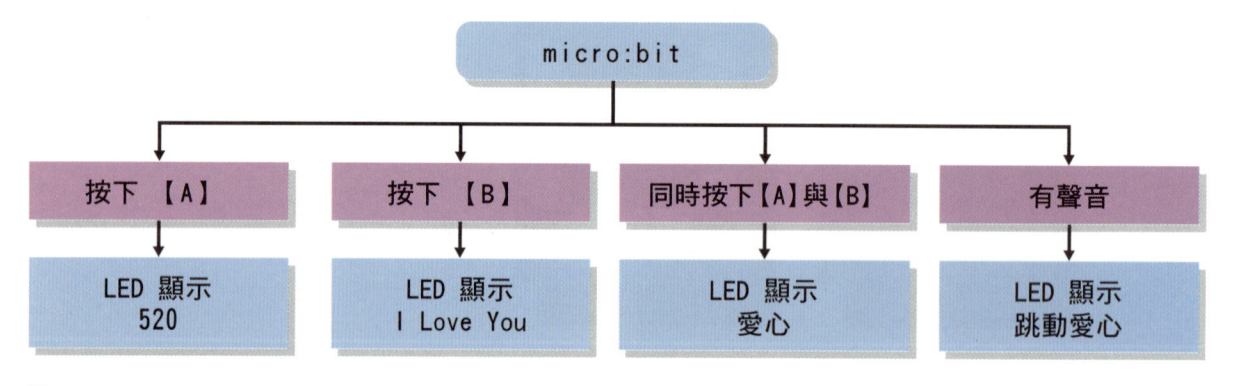

```
                    micro:bit
        ┌──────────┬──────────┬──────────┐
     按下【A】    按下【B】  同時按下【A】與【B】  有聲音
        ↓          ↓          ↓          ↓
     LED 顯示    LED 顯示    LED 顯示    LED 顯示
       520     I Love You    愛心      跳動愛心
```

2-4　LED 顯示數字

當按下按鈕【A】，micro:bit 的 LED 顯示「520」。

程式設計運算思維

1. 按下按鈕【A】開始顯示 ⇒ 使用 [當按鈕 A▼ 被按下]，按下按鈕啟動程式執行。

2. LED 顯示「520」 ⇒ 「520」屬於數字，使用顯示數字的積木 [顯示 數字 0]。

動手實作

Step 1 點擊 micro:bit 或 主頁，回到 makecode 主頁。點選【新增專案】，輸入專案名稱「ch2」，再按【創建】。

Step 2 點按 輸入，拖曳 當按鈕 A 被按下 到程式區。

Step 3 點按 基本，拖曳 顯示 數字 0，輸入「520」。

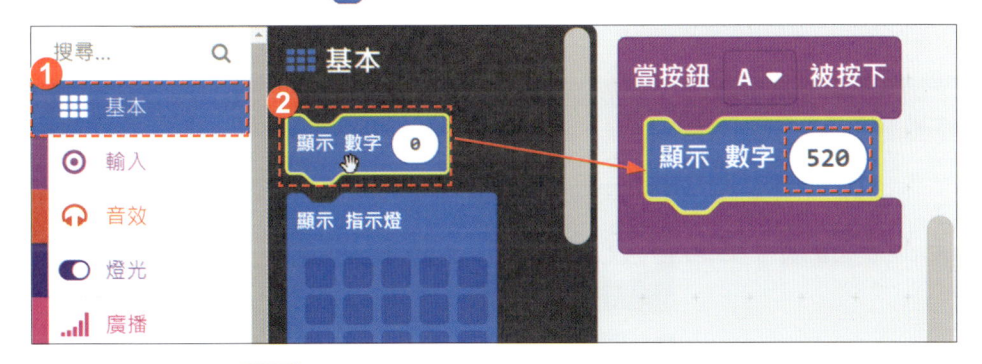

Step 4 按下按鈕【A】，檢查 micro:bit 是否顯示「520」的跑馬燈。

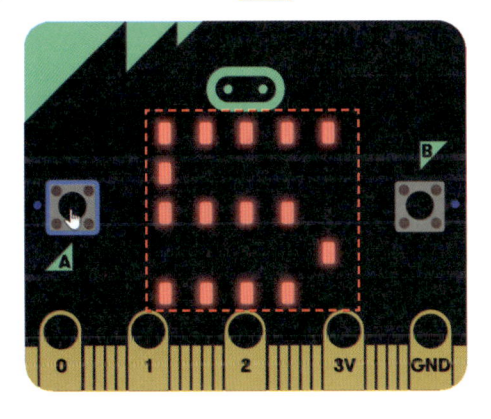

2-5　LED 顯示文字

當按下按鈕【B】，micro:bit 的 LED 顯示「I Love You」。

程式設計運算思維

1. LED 顯示「I Love You」　→　「I Love You」屬於文字，使用顯示文字的積木 顯示 文字 "Hello!" 。

動手實作

Step 1 點按 ⊙ 輸入，拖曳 當按鈕 A 被按下，點選【B】。

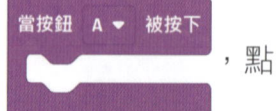

Step 2 點按 ▦ 基本，拖曳 顯示 文字 "Hello!"，輸入「I Love You」。

Step 3 按下按鈕【B】，檢查 micro:bit 是否顯示「I Love You」的跑馬燈。

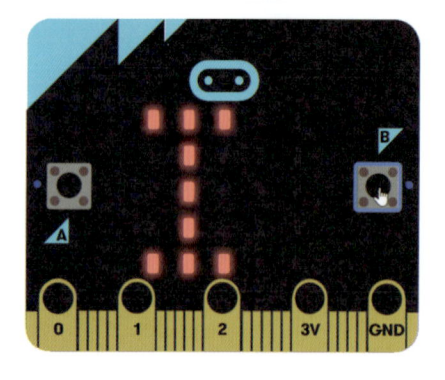

Chapter 2　心動 99

2-6　LED 顯示圖示

當同時按下【A】與【B】時，micro:bit 的 LED 顯示愛心。

程式設計運算思維

1. LED 顯示「愛心」。

→

1. 「愛心」屬於圖示，使用內建預設圖示 顯示 圖示 。

2. 使用顯示指示燈 顯示 指示燈 積木，自訂點亮繪製愛心。

動手實作

Step 1 點按 ⊙ 輸入 ，拖曳 當按鈕 A▼ 被按下 ，勾選【A+B】。

Step 2 點按 ▦ 基本 ，拖曳下圖顯示指示燈。

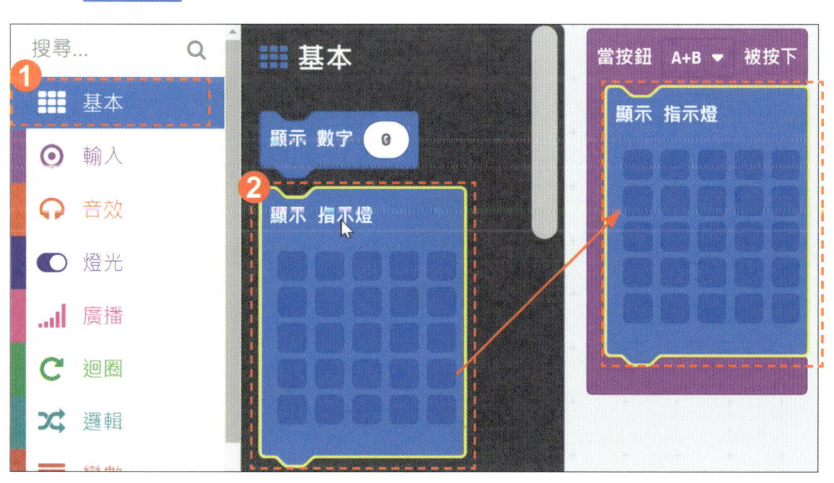

42　用 micro:bit V2.0 學運算思維與程式設計

Step 3　【點按】LED 指示燈，白色代表 LED 亮燈顯示。

Step 4　按下按鈕【A】+【B】，檢查 micro:bit 是否顯示亮燈的圖示。

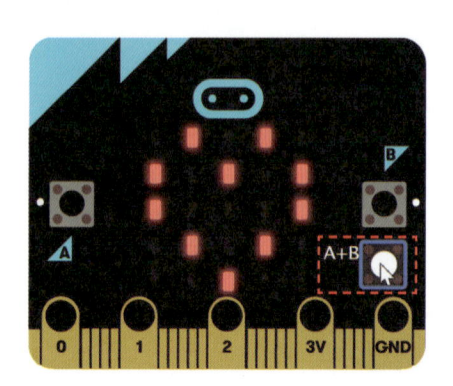

2-7　重複顯示圖示

當麥克風偵測到聲音時，LED 顯示的愛心跳動 99 次。

1. 有聲音時開始顯示	使用 `on 聲響 sound` ，以麥克風偵測聲音或靜音時，啟動程式執行。
2. 愛心跳動	使用 3 個顯示指示燈 積木，自訂 3 張（■、■、■）點亮愛心的圖示。
3. 愛心跳動 99 次	相同的愛心圖示，跳動 99 次，使用重複執行 n 次 積木，設定參數 99 次。

動手實作

Step 1 點按 ⊙ 輸入，拖曳 〔on 聲響▼ sound〕 到程式區。

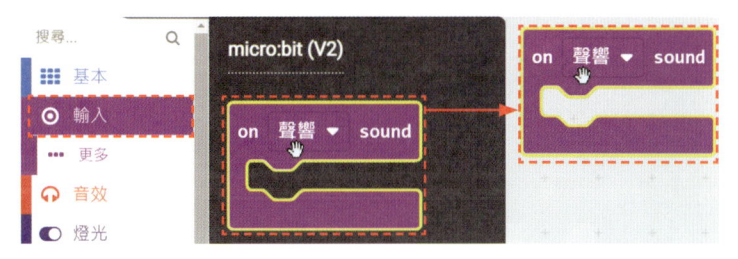

Step 2 點按 基本，拖曳下圖 3 個顯示指示燈積木。

Step 3 點按 LED 指示燈，白色代表 LED 亮燈顯示。

Step 4 拖曳【麥克風的音量值】，檢查 micro:bit 是否顯示愛心跳動的動畫。

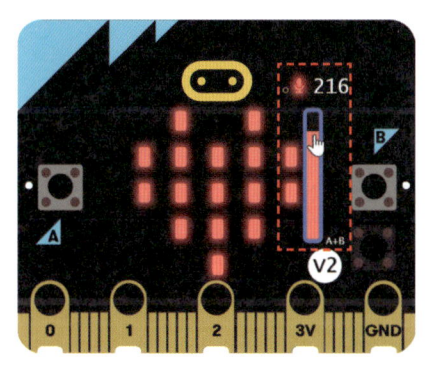

Step 5 按 迴圈，拖曳〔重複 4 次 執行〕到〔on 聲響▼ sound〕下方，輸入「99」。

Step 6 拖曳【麥克風的音量值】，檢查 micro:bit 愛心是否跳動 99 次。

2-8　WebUSB 配對並下載到 micro:bit

使用 Google Chrome 瀏覽器或 Microsoft Edge 編輯程式，能夠以 WebUSB 的方式先將 micro:bit 與電腦 makecode 配對，再將檔案下載到 micro:bit，按下按鈕開始執行程式。利用 micro:bit v2 主板進行 WebUSB 配對的方式如下：

1. 配對前請先將 micro:bit 連接電腦。

2. 點選 【設定】中【配對裝置】或點擊下載的【配對裝置】，再點擊【配對裝置】。

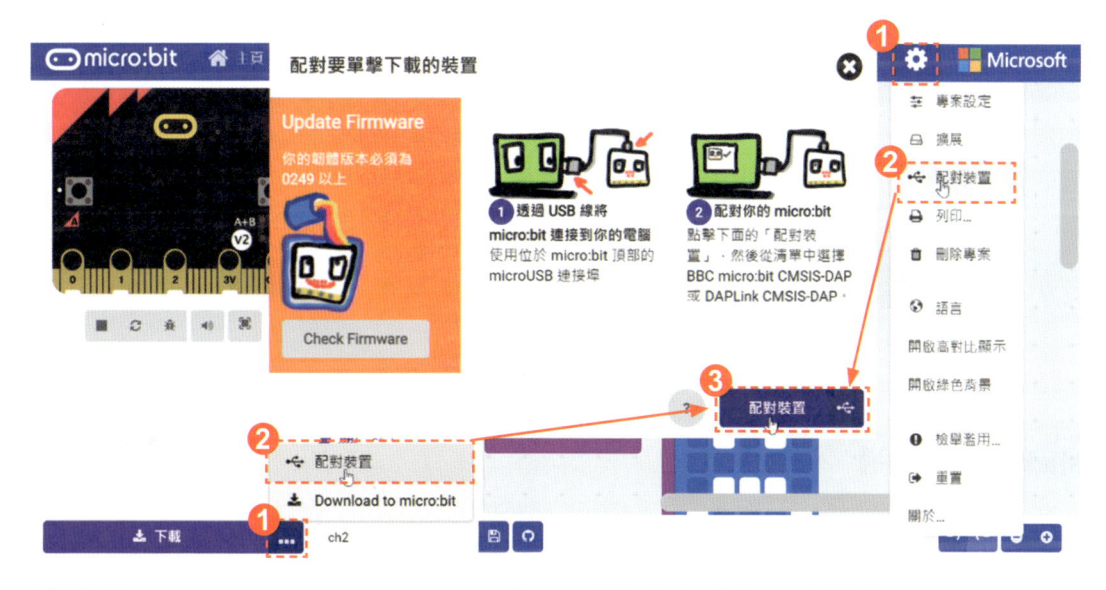

3. 點選【BBC micro:bit CMSIS-DAP】，再按【連線】，開始配對。

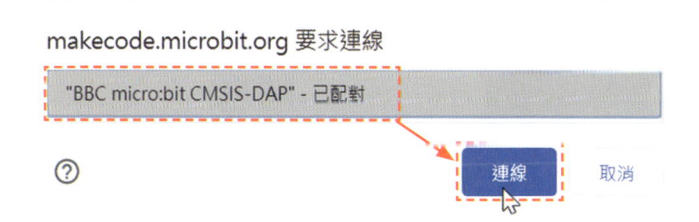

用 micro:bit V2.0 學運算思維與程式設計

4. 配對完成，點擊 ⚡下載，將程式下載到 micro:bit，按下按鈕【A】、【B】或對著 micro:bit 的麥克風唱歌或拍手發出聲音，執行心動 99。

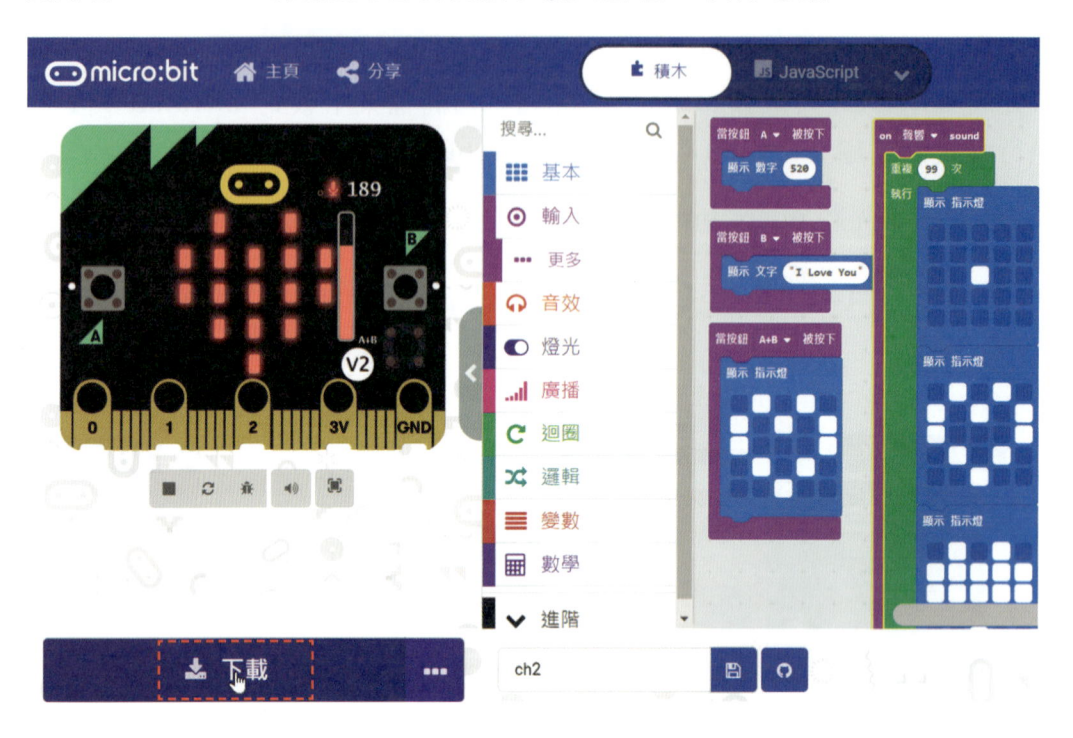

Micro:bit 一點通

1. 如果使用 micro:bit v1.3x 或 v1.5 主板進行 WebUSB 配對時，micro:bit 的韌體版本需要 0249 以上的版本。請連結網址下載最新韌體「https://microbit.org/get-started/user-guide/firmware/」，點選【Download the latest firmware-0253】下載韌體程式，將檔案儲存到 micro:bit 再進行配對。
2. 點擊下載的【更多】選項【Connected to micro:bit】，也能夠進行裝置配對。

實力評量

選擇題

( ) 1. 如果想設計顯示數字，應該使用下列哪一個積木？

   (A) 顯示 數字 0　　(B) 顯示 圖示

   (C) 顯示 文字 "Hello!"　　(D) 暫停 100 毫秒。

( ) 2. 下列關於 micro:bit 的敘述何者錯誤？

   (A) 顯示 圖示　用來輸出點亮 LED

   (B) 當按鈕 A 被按下　按鈕 A 用來啟動程式執行

   (C) 顯示 文字 "Hello!"　超過 2 個字會以跑馬燈方式顯示

   (D) 顯示 文字 "Hello!"　能夠顯示中文、英文或數字。

( ) 3. 下列哪一個積木用來偵測是否按下按鈕？

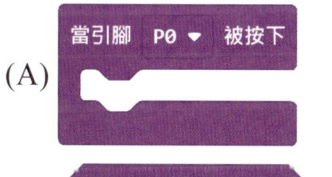

   (A) 當引腳 P0 被按下　　(B) 當姿勢 晃動 發生

   (C) 按鈕 A 被按下？　　(D) 姿勢為 晃動 ？。

( ) 4. 如果想關閉 LED，能夠使用下列哪一個積木？

   (A) 顯示 圖示　　(B) 清空 畫面

   (C) 顯示 數字 0　　(D) 點亮 x 0 y 0 。

(　　) 5. 如果想設計「文字跑馬燈重複顯示4次」，應該用使下列哪一個積木？

(A) 顯示 文字 "Hello!"
(B) 重複 4 次 執行
(C) 如果 true 那麼
(D) 顯示 圖示

(　　) 6. 如果程式開始執行就顯示愛心，應用哪一個積木？

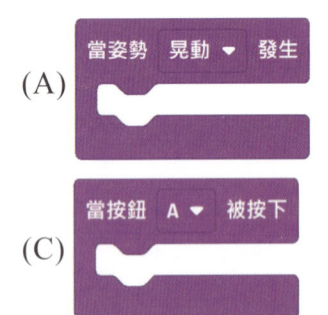

(A) 當姿勢 晃動 發生
(B) 重複 4 次 執行
(C) 當按鈕 A 被按下
(D) 當啟動時

(　　) 7. 右圖積木執行的功能，何者不正確？
(A) LED 顯示與關閉間隔 0.1 秒
(B) 重複閃爍 4 次後，關閉 LED
(C) 按下按鈕開始執行
(D) 重複顯示 4 次後，LED 仍顯示圖示。

(　　) 8. 如果想控制程式執行時間，應該使用下列哪一個積木？
(A) 暫停 100 毫秒
(B) 顯示 數字 0
(C) 清空 畫面
(D) 當啟動時

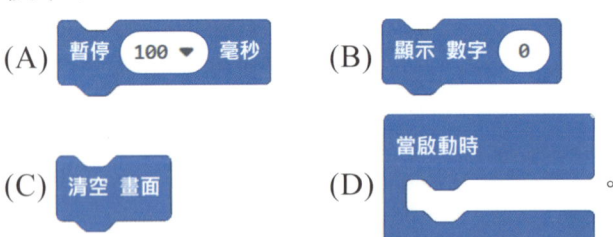

(　　) 9. 如果想晃動模擬器，應該點按右圖的哪一個選項？
(A) A　(B) B　(C) C　(D) D。

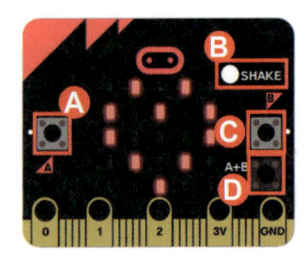

(　　)10. 下列關於 micro:bit 的 WebUSB 配對敘述何者錯誤？
(A) micro:bit 的軟體版本需要 0243 以上
(B) 配對前需要將 micro:bit 連接電腦
(C) 同一時間能夠連接多個 micro:bit 配對
(D) 需要先配對才能將檔案下載到 micro:bit 執行。

實作題

1. 請設計按下按鈕【A】，讓 LED 顯示「I LOVE YOU520」跑馬燈 3 次。

   操作提示 先判斷「I LOVE YOU520」屬於文字或數字。

2. **題目名稱**：心動 99

   題目說明：請設計按下按鈕【B】「閃爍」愛心圖示 3 次之後不關 LED，永遠顯示愛心圖示。

   操作提示 重複執行 3 次之後再顯示圖示。

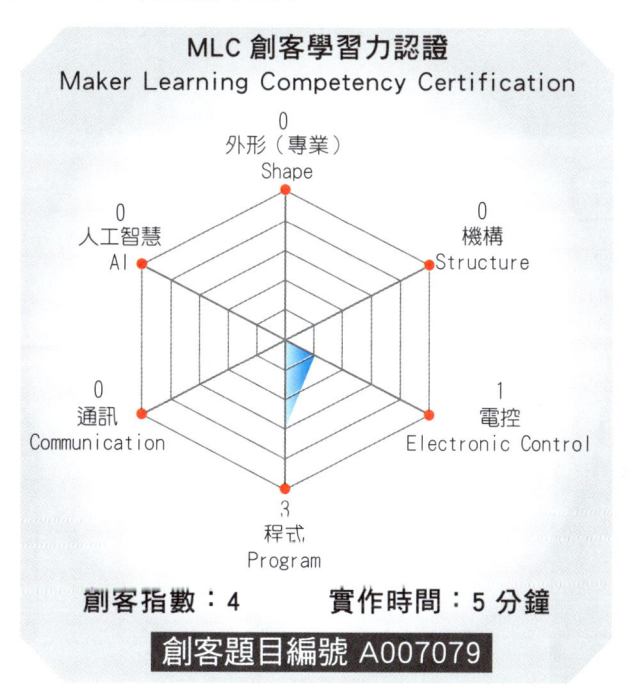

MLC 創客學習力認證
Maker Learning Competency Certification

- 外形（專業）Shape：0
- 機構 Structure：0
- 電控 Electronic Control：1
- 程式 Program：3
- 通訊 Communication：0
- 人工智慧 AI：0

創客指數：4　　實作時間：5 分鐘

創客題目編號 A007079

Chapter 3
演奏旋律

　　Micro:bit v2 主板內建喇叭，能夠讓 micro:bit 播放音效。本章將利用音效自訂旋律，讓 micro:bit v2 主板的喇叭播放旋律或動手實作以 P0 引腳輸出信號，以鱷魚夾連接耳機或蜂鳴器，讓聲音同步從耳機或蜂鳴器播放。

學習目標
1. 理解 micro:bit 音效的 Do ～ Si 音階。
2. 能夠理解數位引腳與觸摸感測器的原理。
3. 能夠使用鱷魚夾連接 micro:bit 數位引腳與耳機或蜂鳴器。
4. 能夠使用 micro:bit 喇叭播放旋律。
5. 能夠理解程式語言基本結構。

Micro:bit 元件規劃表

micro:bit 喇叭、P0 引腳與觸摸感測器

Micro USB 連接線

電池盒與 2 個 AAA 電池（3V）

耳機

鱷魚夾 2 個

蜂鳴器

完成作品

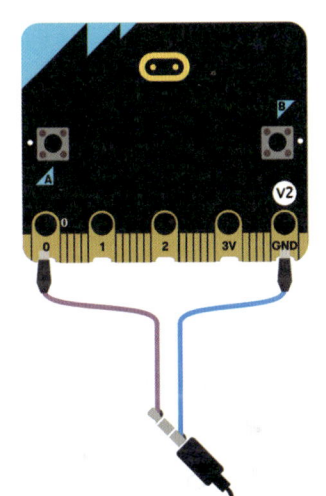

模擬器　　　　　　　micro:bit 接蜂鳴器　　　　　　micro:bit 接耳機

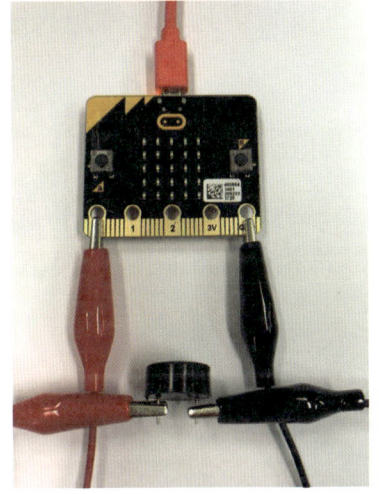

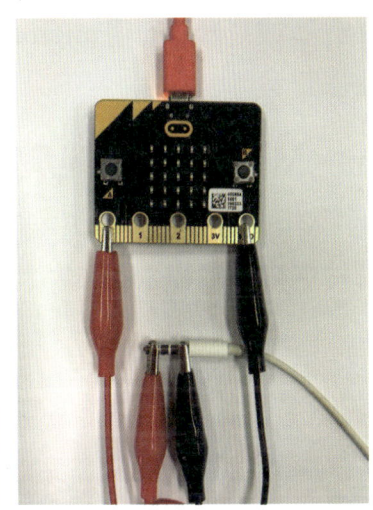

當引腳 P0 被按下
- 演奏 音階 高音 E 持續 1/2 拍
- 演奏 音階 高音 D# 持續 1/2 拍
- 演奏 音階 高音 E 持續 1/2 拍
- 演奏 音階 中音 B 持續 1/2 拍
- 演奏 音階 高音 D 持續 1/2 拍
- 演奏 音階 高音 C 持續 1/2 拍
- 演奏 音階 中音 A 持續 1 拍
- 演奏 休息 1/2 拍
- 演奏 音階 中音 E 持續 1/2 拍
- 演奏 音階 中音 A 持續 1/2 拍
- 演奏 音階 中音 B 持續 1 拍
- 演奏 音階 中音 E 持續 1/2 拍
- 演奏 音階 中音 G# 持續 1/2 拍
- 演奏 音階 中音 B 持續 1/2 拍
- 演奏 音階 高音 C 持續 1 拍
- 演奏 音階 高音 E 持續 1/2 拍
- 演奏 音階 高音 D# 持續 1/2 拍

on logo 按住
- 演奏 音階 高音 E 持續 1/2 拍
- 演奏 音階 高音 D# 持續 1/2 拍
- 演奏 音階 高音 E 持續 1/2 拍
- 演奏 音階 中音 B 持續 1/2 拍
- 演奏 音階 高音 D 持續 1/2 拍
- 演奏 音階 高音 C 持續 1/2 拍
- 演奏 音階 中音 A 持續 1 拍
- 演奏 休息 1/2 拍
- 演奏 音階 中音 E 持續 1/2 拍
- 演奏 音階 中音 A 持續 1/2 拍
- 演奏 音階 中音 B 持續 1 拍
- 演奏 音階 中音 E 持續 1/2 拍
- 演奏 音階 中音 G# 持續 1/2 拍
- 演奏 音階 中音 B 持續 1/2 拍
- 演奏 音階 高音 C 持續 1 拍
- 演奏 音階 高音 E 持續 1/2 拍
- 演奏 音階 高音 D# 持續 1/2 拍

3-1　Micro:bit 基本元件 - 喇叭、觸摸感測器與引腳

本章將使用的元件包括：micro:bit 的喇叭、觸摸感測器、P0 引腳、鱷魚夾、蜂鳴器或耳機。利用 micro:bit 主板的喇叭或以鱷魚夾連接 P0 引腳與蜂鳴器或耳機，播放聲音。

一、Micro:bit 喇叭與觸摸感測器

Micro:bit v2 主內建喇叭，能夠播放音效。觸摸感測器主要目的在判斷 logo 是否被觸摸或觸摸 logo 時啟動程式執行。相關位置與積木功能如下：

功能	積木	說明
啟動	on logo 按住	當按住、碰觸、鬆開或長按 logo 時，開始執行內層程式。
判斷	logo is pressed	判斷 micro:bit 的 logo 是否被按下。 傳回值：「true」（真）按下 logo。 　　　　「false」（假）未按下 logo。

二、信號引腳連接蜂鳴器

Micro:bit 內建 P0～P20 數位或類比引腳（Pin）、3V 電源引腳及接地（GND）引腳。其中 P0～P20 數位或類比引腳主要功能用來輸入或輸出數位或類比信號。以 micro:bit v1 主板為例，利用 P0～P2 引腳將聲音播出時，蜂鳴器或耳機的接線方式如下：

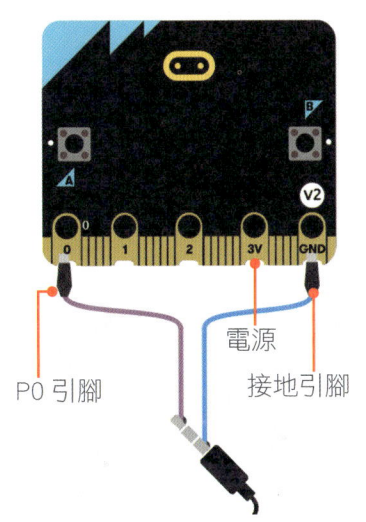

1. 模擬器與耳機接線方式　　2. 鱷魚夾連接 micro:bit v1　　3. 鱷魚夾連接 micro:bit v1
　　　　　　　　　　　　　　　主板與蜂鳴器　　　　　　　　　主板與耳機

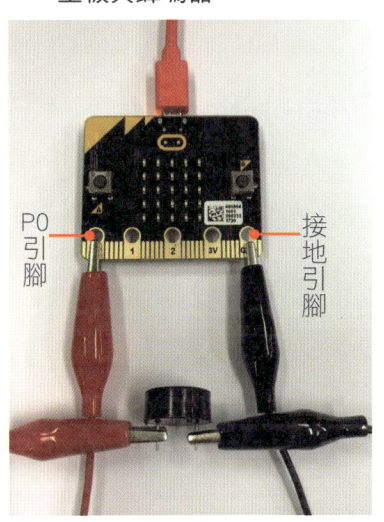

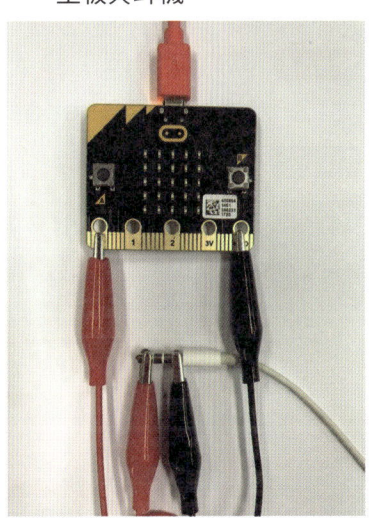

P0 引腳　電源　接地引腳　　　P0 引腳　　接地引腳

註：Micro:bit v2 主板內建喇叭，能夠直接播放音效，micro:bit v1 主板需要外接耳機或蜂鳴器，才能夠播放音效。

> **Micro:bit 一點通**
> 1. 蜂鳴器就像是小喇叭，主要功能用來播放音效。
> 2. 引腳（Pin）又稱接腳；信號（Signal）又稱訊號。

三、引腳積木

在 `輸入` 積木中，利用 P0、P1 或 P2 引腳輸入或輸出信號積木的功能如下：

功能	積木	說明
啟動	當引腳 P0 被按下	當 P0、P1 或 P2 引腳與接地（GND）引腳同時被按下時，開始執行內層程式。
判斷	引腳 P0 被按下？	判斷 micro:bit 的 P0、P1 或 P2 引腳與接地（GND）引腳是否同時被按下。 傳回值：「true」（真）P0、P1 或 P2 引腳按下。 　　　　「false」（假）未按下。

小試身手 1　嘟嘟哇哇哇哇

◉ 範例：microbit-ch3-1

請連接蜂鳴器、耳機，或利用 v2 主機的喇叭讓 micro:bit 播放音效。

Step 1 開啟瀏覽器，輸入網址
https://makecode.microbit.org/。

Step 2 點選【新增專案】，輸入專案名稱「ch3-1」，再按【創建】。

Step 3 拖曳下圖積木，「播放 2 次 Do 的音階與數字 1，2」、再「播放哇哇哇哇」。

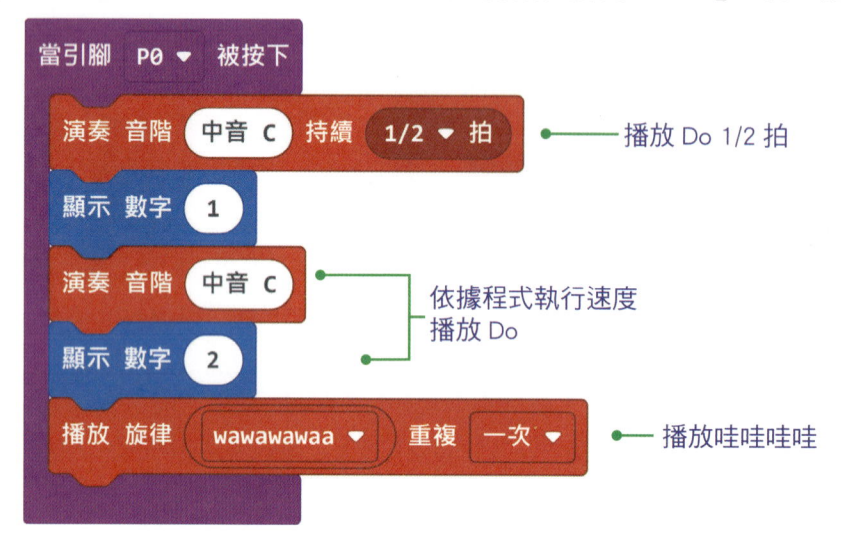

```
當引腳 P0 被按下
    演奏 音階 中音 C 持續 1/2 拍      ── 播放 Do 1/2 拍
    顯示 數字 1
    演奏 音階 中音 C                  ── 依據程式執行速度
    顯示 數字 2                          播放 Do
    播放 旋律 wawawawaa 重複 一次     ── 播放哇哇哇哇
```

Step 4 將鱷魚夾連接 micro:bit 與蜂鳴器或耳機，將鱷魚夾夾住 P0 引腳，檢查蜂鳴器或耳機是否播放旋律。

3-2　音效：演奏旋律或音階

在 🎧音效 積木設計程式時，micro:bit 模擬器的音效經由電腦喇叭播放，實體 micro:bit v1 主板必需連接蜂鳴器或耳機才能夠播放聲音，v2 主板則是以喇叭直接放聲音。音效相關功能積木如下：

功能	積木	說明
演奏旋律	演奏旋律 🎵▢▢▢▢▢▢▢▢ 速度 120 (bpm) （編輯器／素材庫：自訂旋律／內建旋律，Do Si La So Fa Mi Re Do 音階，演奏音符的順序 1〜8）	自訂演奏旋律。
	播放 旋律 dadadum ▼ 重複 一次 ▼	播放內建旋律。 旋律種類：內建生日快樂歌等 20 種。 播放次數：一次或無限次。
演奏音階	演奏 音階 中音 C 持續 1 ▼ 拍 演奏 音階 中音 C	播放中音 C（Do）1 拍。音階範圍：低音 C（Do）〜高音 C（Do）。節拍：1/16 拍〜4 拍。
停止或休息	停止旋律 全部 ▼ 演奏 休息 1 ▼ 拍	連續播放中音 C（Do）音階。 停止全部（背景或前景）的旋律播放。 演奏休息 1/16 拍〜4 拍。
音效啟動	當音效 音階演奏 ▼ 發生	當演奏音階（或旋律開始、結束）時，啟動程式執行。

小試身手 2　播放旋律

◉ 範例：microbit-ch3-2

請設計讓 micro:bit 模擬器播放生日快樂旋律。

Step 1 點按 ⊙ 輸入，拖曳 當按鈕 A 被按下。

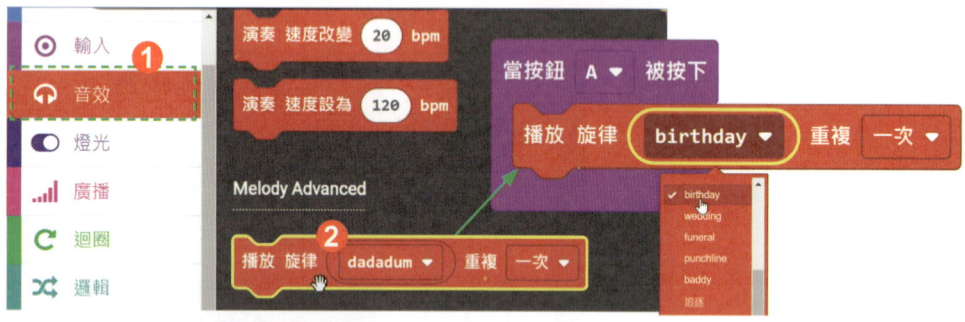

Step 2 點按 🎧 音效，拖曳 播放 旋律 dadadum 重複 一次，點選喜歡的旋律。

Step 3 開啟電腦喇叭，按下按鈕【A】，檢查 micro:bit 模擬器是否播放一次生日快樂旋律。

Micro:bit 一點通

在設計程式時只要點選音效（🎧 音效）積木，模擬器會自動顯示耳機播放音效的接線方式。模擬器的聲音僅能以電腦喇叭播放。

小試身手 3　播放旋律與動畫

◉ 範例：microbit-ch3-3

請設計讓 micro:bit 播放旋律時，LED 同步播放動畫。

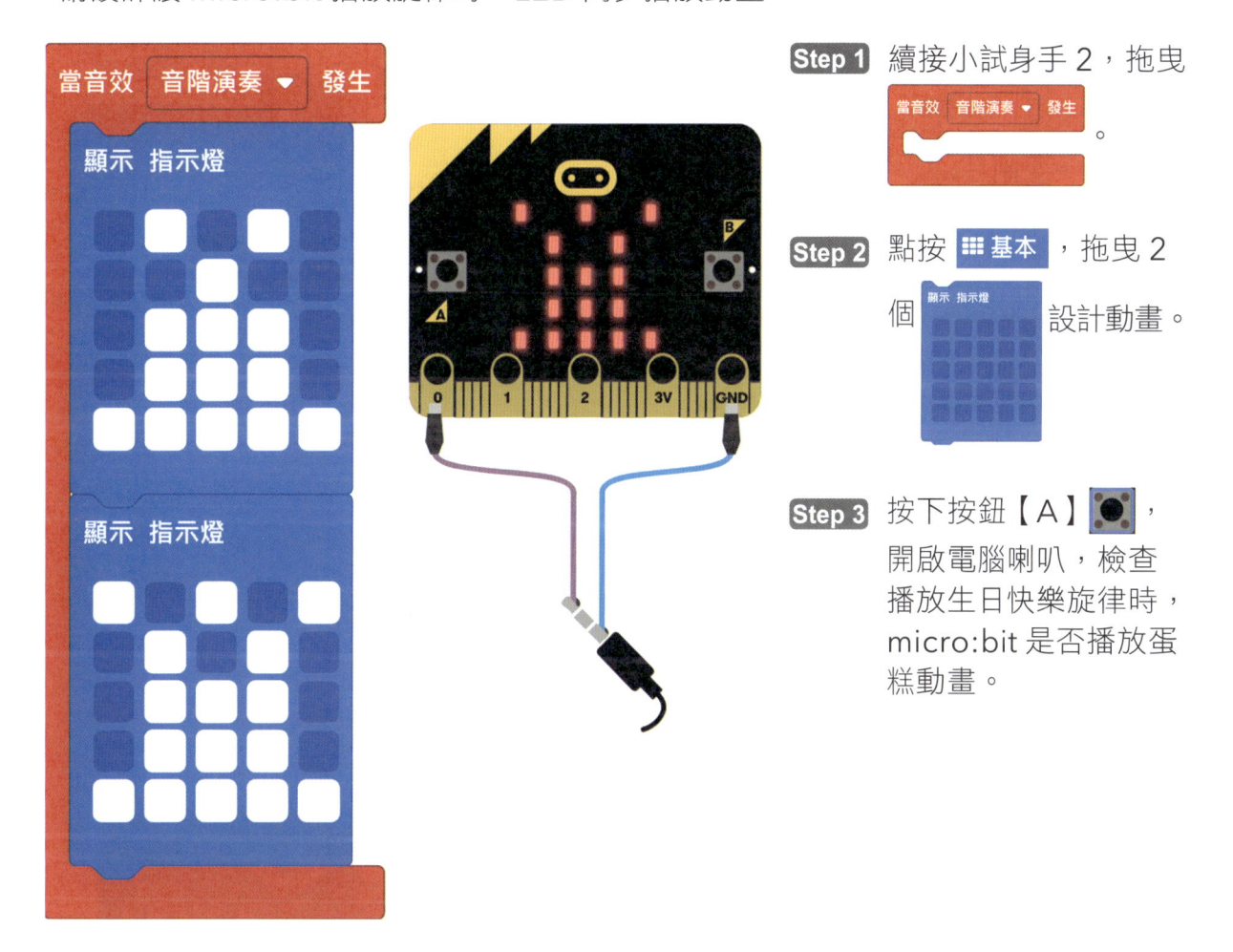

Step 1 續接小試身手 2，拖曳 `當音效 音階演奏 發生` 。

Step 2 點按 `基本`，拖曳 2 個 `顯示 指示燈` 設計動畫。

Step 3 按下按鈕【A】，開啟電腦喇叭，檢查播放生日快樂旋律時，micro:bit 是否播放蛋糕動畫。

小試身手 4　自訂演奏旋律

◉ 範例：microbit-ch3-4

請利用演奏旋律，自訂音階，讓 micro:bit 播放自訂的歌曲。

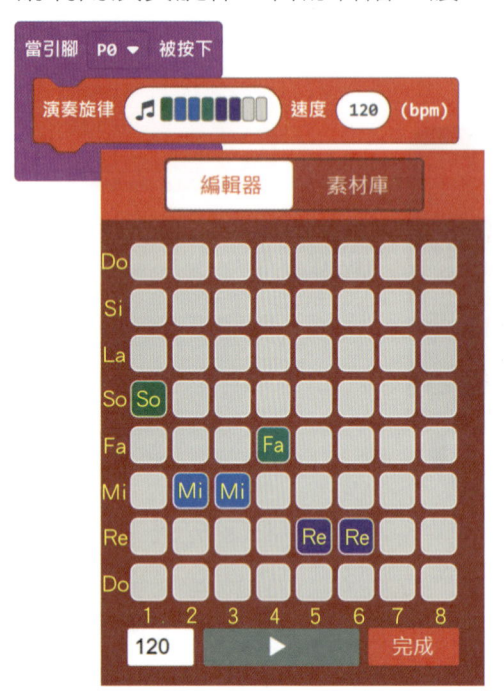

Step 1　點按 ⦿ 輸入 ，拖曳 當引腳 P0 被按下 。

Step 2　點按 🎧 音效 ，拖曳 演奏旋律 🎵 ▭▭▭▭▭▭▭ 速度 120 (bpm) ，

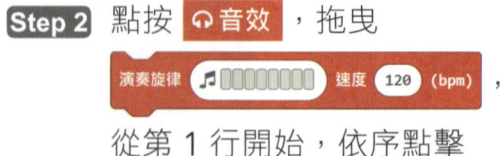

從第 1 行開始，依序點擊
So、Mi、Mi、Fa、Re、Re。

Step 3　重複相同步驟，再拖曳相同積木依序點擊 Do、Re、Mi、Fa、So、So、So。

Step 4　開啟電腦喇叭，點按「P0」引腳，檢查是否播放小蜜蜂。

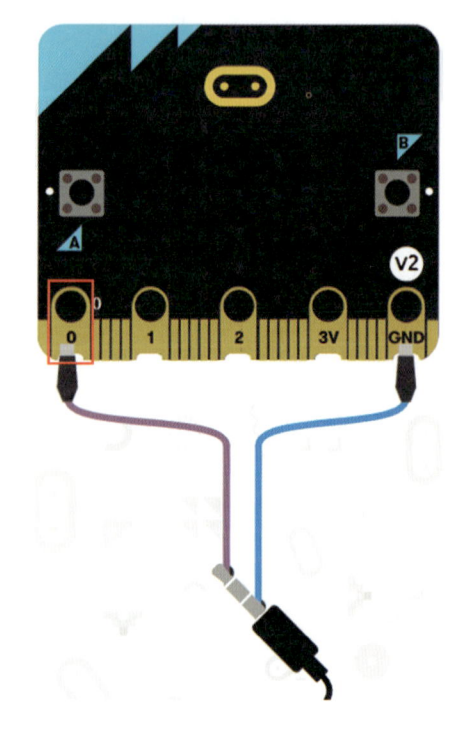

3-3　演奏旋律情境與流程規劃

本節將利用演奏音階設計歌曲,再使用鱷魚夾連接 micro:bit 的 P0 引腳與蜂鳴器或耳機,播放旋律。演奏音階情境與執行流程如下。

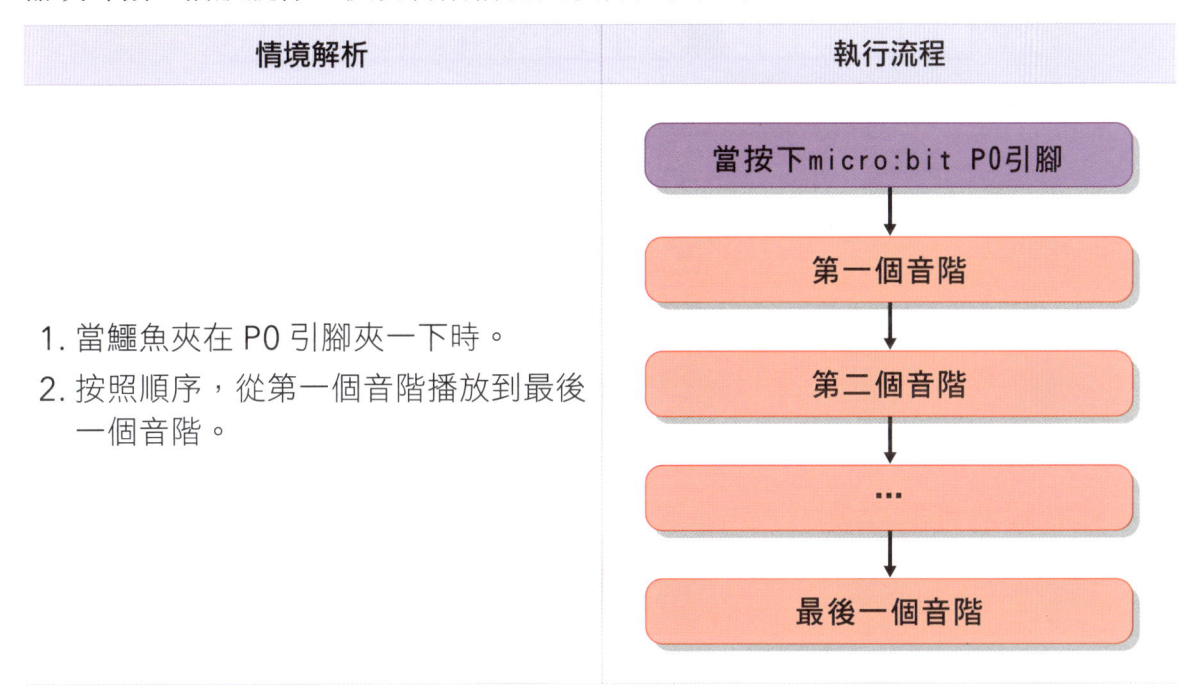

情境解析	執行流程
1. 當鱷魚夾在 P0 引腳夾一下時。 2. 按照順序,從第一個音階播放到最後一個音階。	當按下micro:bit P0引腳 ↓ 第一個音階 ↓ 第二個音階 ↓ … ↓ 最後一個音階

3-4　演奏旋律:《給愛麗絲》

本節將設計《給愛麗絲》旋律,再經由模擬器、蜂鳴器或耳機播放。《給愛麗絲》的簡譜如下:

$$3\ 2^{\#}3\ 7\quad \dot{2}\ 1\ 6\quad 0\ 3\ 6\ 7\quad 3\ 5^{\#}7\ \dot{1}$$

$$3\ 2^{\#}3\ 7\quad \dot{2}\ 1\ 6\quad 0\ 3\ 6\ 7\quad 3\ \dot{1}\ 7\ 6$$

Micro:bit 一點通

琴鍵、音階、簡譜與音符對照表

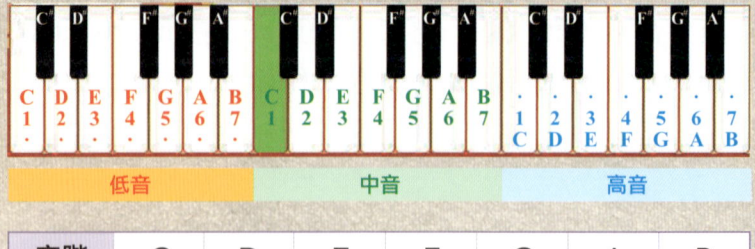

音階	C	D	E	F	G	A	B
簡譜	1	2	3	4	5	6	7
音符	Do	Re	Mi	Fa	So	La	Si

1. 低音（簡譜數字下方有黑點）、中音（簡譜上下都沒有黑點）或高音（簡譜上方有黑點），例如：簡譜「1̇」就是高音C。
2. 升半音簡譜右上方會有「#」符號，例如：簡譜的「2#」就是「D#」。
3. 「0」休息。

程式設計運算思維

1. 偵測鱷魚夾連接 P0 引腳，將聲音經由蜂鳴器播放
使用 `當引腳 P0 被按下`，當 P0 引腳被按下時，開始執行程式。

2. 播放音符
使用演奏音階 `演奏 音階 中音 C` 或 `演奏 音階 中音 C 持續 1 拍` 播放音符。

3. 播放音符時需要設定音階的節拍或休息
使用 演奏 休息 1 拍 `演奏 休息 1 拍` 或 演奏 音階 1 拍 `演奏 音階 中音 C 持續 1 拍`，設定音階的節拍。

將滑鼠游標移到任何一個琴鍵，自動顯示低音、中音或高音的音階，例如目前是高音C，簡譜的 1̇。

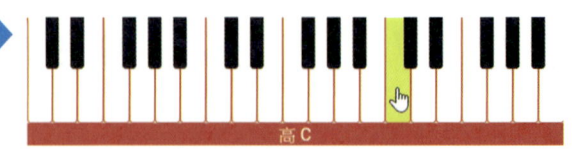

4. 簡譜 1̇，屬於高音。

將滑鼠游標移到白色琴鍵右上方的黑色琴鍵就是該音階升半音，例如目前是 D#，簡譜的 2#。

5. 簡譜的 2#，屬於升半音

Chapter 3　演奏旋律　61

動手實作

Step 1 點擊 micro:bit 或 主頁，回到 makecode 主頁。點選【新增專案】，輸入專案名稱「ch3」，再按【創建】。

Step 2 拖曳下圖積木當按下 P0 引腳時，播放《給愛麗絲》。

第一句

3 2#3 7　2 1 6

第二句

0 3 6 7　3 5#7 1

第三句

3 2#3 7　2 1 6

第四句

0 3 6 7　3 1 7 6

Step 3 在 `當引腳 P0 被按下` 按右鍵，點按【複製】。

Step 4 複製演奏音階積木，並改為 `on logo 按住`，按住 micro:bit 的 logo 時，再次播放歌曲。

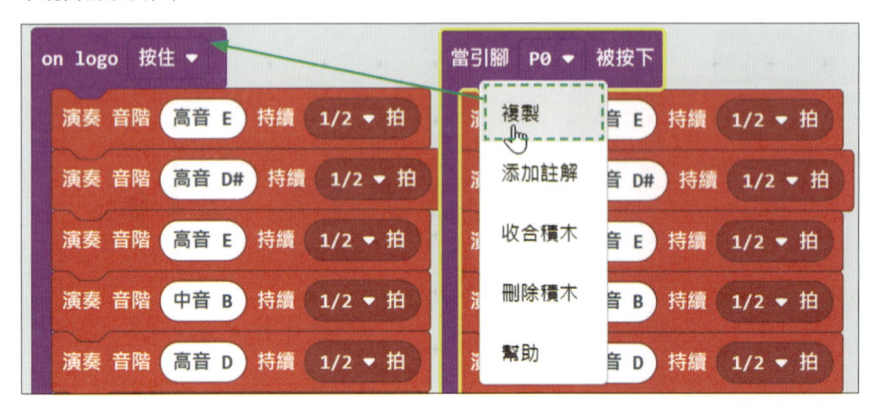

3-5　Micro:bit 演奏旋律

　　連接 micro:bit 與電腦、儲存檔案並配對 micro:bit，將檔案下載到 micro:bit。當右手握住 GND、左手觸摸 P0 引腳或觸摸 micro:bit 的 logo 開始播放歌曲。

1. 配對前請先將 micro:bit 連接電腦。

2. 點選【設定】中【配對裝置】或點擊下載的【配對裝置】，再點擊【配對裝置】。

3. 點選【BBC micro:bit CMSIS-DAP】，再【連線】，開始配對，配對完成，點擊 下載，將程式下載到 micro:bit.。

4. 右手握住 GND、左手觸摸 P0 引腳或觸摸 micro:bit 的 logo 開始播放歌曲。

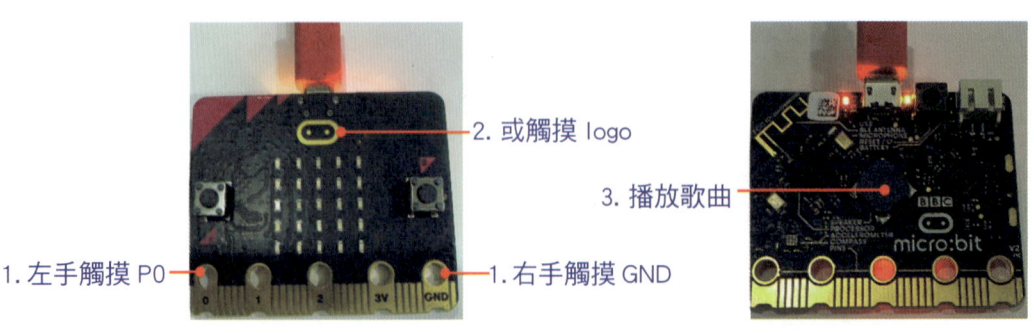

1. 左手觸摸 P0　　1. 右手觸摸 GND　　2. 或觸摸 logo　　3. 播放歌曲

實力評量

選擇題

( ) 1. 若想設計演奏音階或旋律可以使用下列哪一個積木？

(A)  演奏 音階 中音 C　　(B) 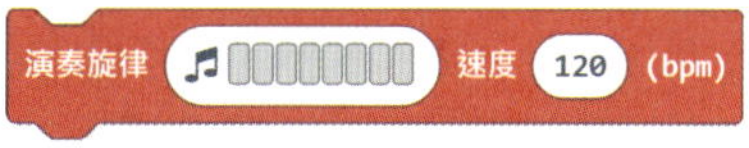 演奏旋律 ♪ ▭▭▭▭▭▭▭ 速度 120 (bpm)

(C)  播放 旋律 dadadum ▼ 重複 一次 ▼　　(D) 以上皆可。

( ) 2. 下列哪一個積木，可以在演奏過程中休息一拍？

(A)  演奏 休息 1 ▼ 拍　　(B)  停止旋律 全部 ▼

(C) 演奏 音階 中音 C 　　(D)  播放 旋律 dadadum ▼ 重複 一次 ▼ 。

( ) 3. 若想設計由 P0 引腳啟動程式執行，應該使用下列哪一個積木？

(A)  當姿勢 晃動 ▼ 發生

(B)  當引腳 P0 ▼ 被按下

(C)  數位信號寫入 引腳 P0 ▼ 數字 0

(D)  類比信號讀取 引腳 P0 ▼ 。

( ) 4. 如果想設計直接播放內建的旋律，應該使用下列哪一個積木？

(A) 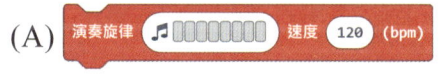 演奏旋律 ♪ ▭▭▭▭▭▭▭ 速度 120 (bpm)　　(B)  演奏 音階 中音 C 持續 1 ▼ 拍

(C)  播放 旋律 dadadum ▼ 重複 一次 ▼　　(D)  當音效 音階演奏 ▼ 發生 。

( ) 5. 如果想彈奏升半音，應用使下列哪一個積木？

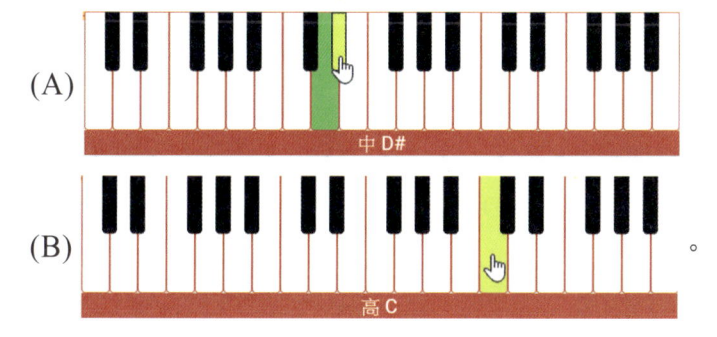

(A) 中 D#

(B) 高 C 。

(　　) 6. 下列哪一個積木無法傳回跟演奏音階相關的值？
　　(A) `1 拍`
　　(B) `演奏 音階 中音 C`
　　(C) `演奏速度 (bpm)`
　　(D) `中音 C`。

(　　) 7. 如圖一，積木執行的功能，何者不正確？
　　(A) 按下 P0 引腳開始執行
　　(B) micro:bit V1 主板需要在 P0 引腳外接蜂鳴器才能播放聲音
　　(C) 按下 P0 引腳重複演奏旋律
　　(D) 播放的順序如圖二，為 So、Mi、Mi、Fa、Re、Re。

圖一

圖二

(　　) 8. 如圖三，紅色的鱷魚夾連接 P0 引腳，應該連接到圖四的哪一個引腳？
　　(A) A　　(B) B
　　(C) C　　(D) D。

(　　) 9. 如果利用左圖積木設計點按 P0 引腳開始演奏音階，應該點按圖四的哪一個選項？
　　(A) A　(B) B　(C) C　(D) D。

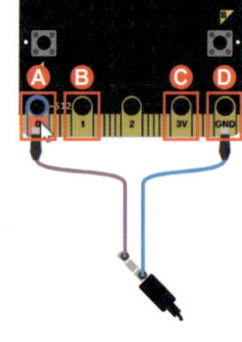

圖三　　圖四

(　　)10. 如圖四，如果設計鱷魚夾連接「接地線」應將鱷魚夾夾在圖四的哪一個引腳？　(A) A　(B) B　(C) C　(D) D。

實作題

1. **題目名稱**：演奏音階
   題目說明：請利用「當按下按鈕【B】」設計重複演奏音階歌曲 2 次，再將設計完成的歌下載到 micro:bit。當按下電腦模擬器及 micro:bit 按鈕【B】時，電腦喇叭與蜂鳴器同時播放歌曲。

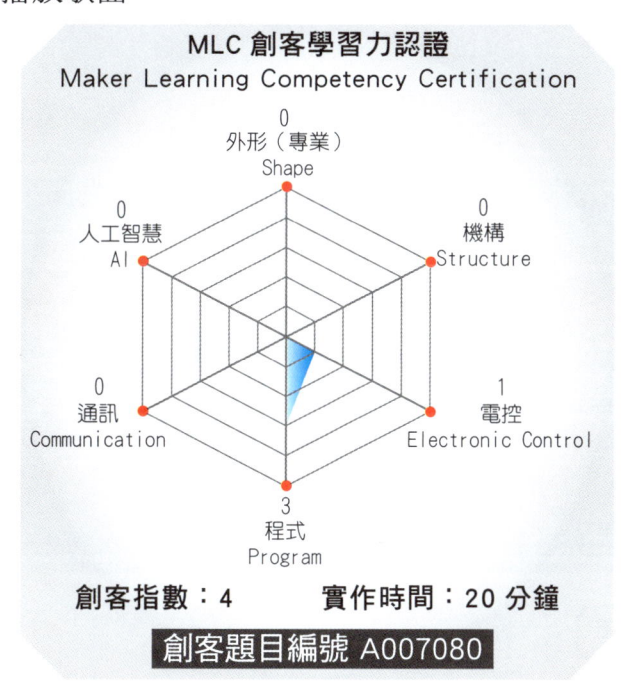

   MLC 創客學習力認證
   Maker Learning Competency Certification

   - 外形（專業）Shape：0
   - 機構 Structure：0
   - 電控 Electronic Control：1
   - 程式 Program：3
   - 通訊 Communication：0
   - 人工智慧 AI：0

   創客指數：4　　實作時間：20 分鐘
   創客題目編號 A007080

2. 續接實作 1.，請利用「當音階演奏發生」積木，在演奏歌曲時 LED 顯示圖片動畫。

Chapter 4
智能風扇

本章以 micro:bit 的溫度感測器偵測目前溫度。當溫度大於 25°C 時，啟動外接馬達葉片旋轉。

學習目標
1. 理解 micro:bit 溫度感測器原理。
2. 能夠外接馬達及馬達葉片。
3. 能夠設計程式啟動馬達運轉。
4. 能夠應用邏輯判斷讓溫度控制馬達運轉。

Micro:bit 元件規劃表

Micro:bit 溫度感測器

Micro USB 連接線

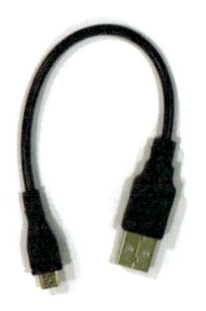

電池盒與 2 個 AAA 電池（3V）

類比馬達

馬達葉片

鱷魚夾 2 個

完成作品

模擬器　　　　　　　　　　實體

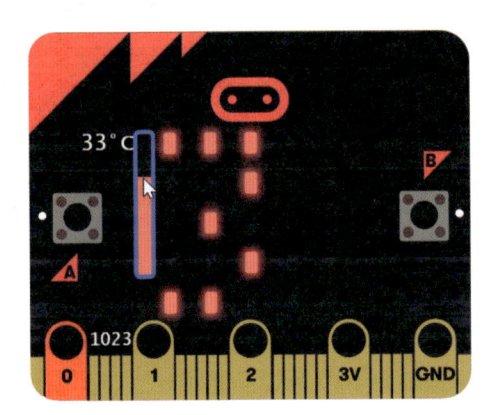

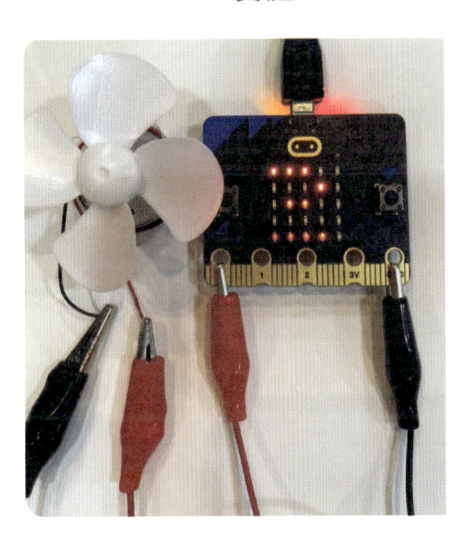

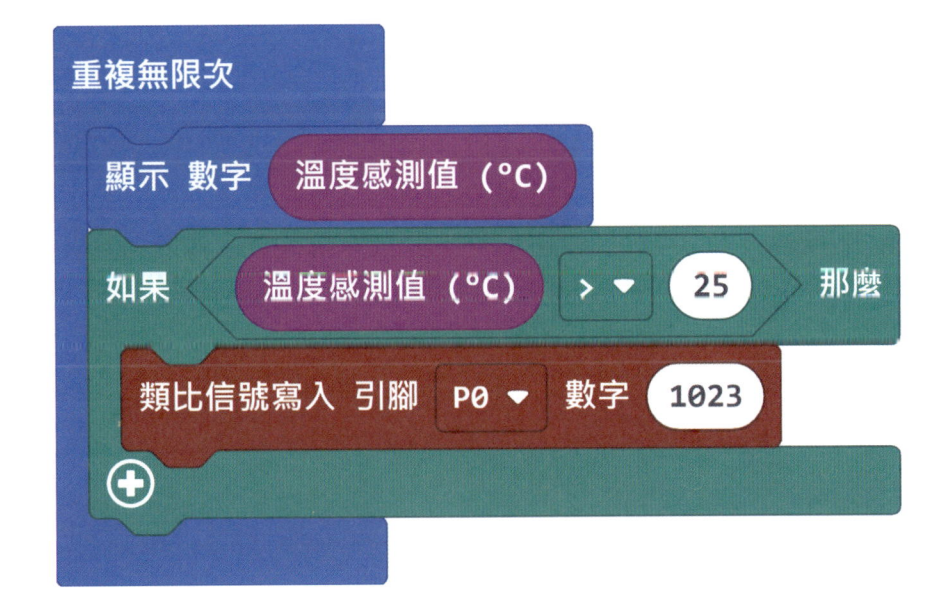

重複無限次
　顯示 數字 溫度感測值（°C）
　如果 溫度感測值（°C） > 25 那麼
　　類比信號寫入 引腳 P0 數字 1023

4-1　Micro:bit 基本元件—溫度感測器

本章將使用 micro:bit 主板上的基本元件包括：溫度感測器與 P0 引腳，利用溫度控制 P0 引腳外接的馬達運轉。

處理器內建溫度感測器。

一、溫度感測器

Micro:bit 的 32 位元處理器（ARM Cortex-M4 32 bit processor）內建溫度感測器（Temperature sensor），用來偵測環境的即時溫度，溫度以攝氏為單位。

二、溫度感測器積木

溫度感測器偵測的環境溫度值利用 ⊙ 輸入 積木傳送到 micro:bit。

功能	積木	說明
傳回溫度值	溫度感測值（°C）	傳回 micro:bit 攝氏（Celsius）溫度的感測值。溫度值範圍 –5°C（最低溫）～50°C（最高溫）。

4-2　Micro:bit 信號引腳與馬達

本節將認識 micro:bit 內建的 P0 類比信號引腳、鱷魚夾、馬達與馬達葉片。以鱷魚夾連接 P0 引腳與馬達，再將類比信號寫入 P0 引腳，控制馬達的運轉。

一、類比信號引腳連接馬達

Micro:bit 內建 P0～P20 引腳，能夠傳遞數位或類比信號，其中馬達運轉屬於類比信號。P0 引腳與馬達連接方式如下圖。

Chapter 4　智能風扇　69

模擬器與馬達連接方式

數位或類比信號引腳　　接地引腳

鱷魚夾連接 micro:bit 與馬達的連接方式

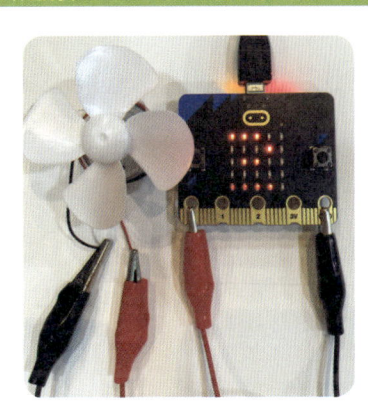

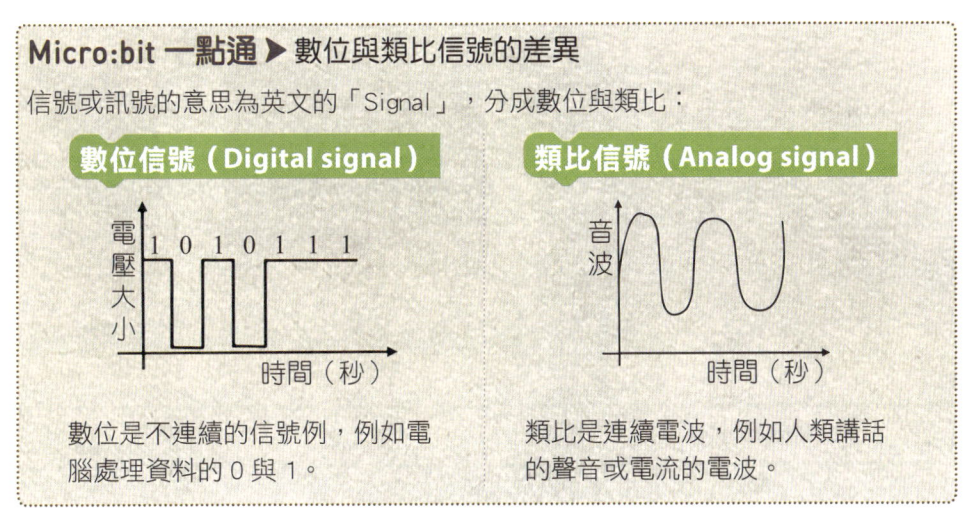

> **Micro:bit 一點通 ▶ 數位與類比信號的差異**
>
> 信號或訊號的意思為英文的「Signal」，分成數位與類比：
>
> **數位信號（Digital signal）**
>
> 數位是不連續的信號例，例如電腦處理資料的 0 與 1。
>
> **類比信號（Analog signal）**
>
> 類比是連續電波，例如人類講話的聲音或電流的電波。

二、數位或類比信號引腳積木

Micro:bit 引腳 積木中 P0～P20 類比或數位信號引腳相關積木功能如下：

功能	積木	說明
讀取類比信號值	類比信號讀取 引腳 P0	從 micro:bit 的 P0～P20 引腳讀取類比信號值。 讀取值：0～1023。
讀取數位信號值	數位信號讀取 引腳 P0	從 micro:bit 的 P0～P20 引腳讀取數位信號值。 讀取值：「1」引腳已連接（或開）； 　　　　「0」引腳未連接（或關）。
寫入類比信號值	類比信號寫入 引腳 P0 數字 1023	將 0～1023 信號值寫入 micro:bit 的 P0～P20 引腳。
寫入數位信號值	數位信號寫入 引腳 P0 數字 0	將 0 或 1 信號值寫入 micro:bit 的 P0～P20 引腳。

小試身手 1　讀取引腳數位信號值　　　　　◎ 範例：microbit-ch4-1

請測試 P0 引腳讀取的數位信號值。

Step 1 開啟瀏覽器，輸入網址 https://makecode.microbit.org/。

Step 2 點選【新增專案】，輸入專案名稱「ch4-1」，再按【創建】。

Step 3 點按 基本 與進階的 引腳，拖曳右圖積木，讀取 P0 引腳的數位信號值。

Step 4 程式開始執行時，micro:bit 顯示讀取值為 0。

Step 5 點按 P0 引腳，紅色表示已接線，micro:bit 顯示讀取值為 1。

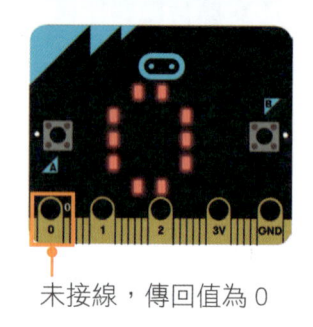

未接線，傳回值為 0 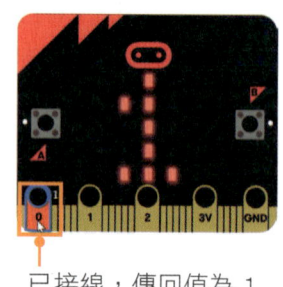　　已接線，傳回值為 1

小試身手 2　讀取引腳類比信號值　　　　　◎ 範例：microbit-ch4-2

請測試 P0 引腳讀取的類比信號值。

Step 1 點擊 micro:bit 或 主頁，回到 makecode 主頁。點選【新增專案】，輸入專案名稱「ch4-2」，再按【創建】。

Step 2 點按 基本 與進階的 引腳，拖曳右圖積木，讀取 P0 引腳的類比信號值。

Step 3 點按 P0 引腳，紅色表示已接線，檢查讀取的類比信號值是否介於 0～1023 之間。

已接線，讀取值介於 0～1023

1.  ：點按最上方，顯示最大值 1023。
2.  ：點按中間，顯示中間值。
3.  ：點按最下方，顯示最小值 0。

4-3 基本－重複無限次

Micro:bit **基本** 類別積木中，重複無限次能夠**重複執行內層**程式積木，執行流程如下圖。

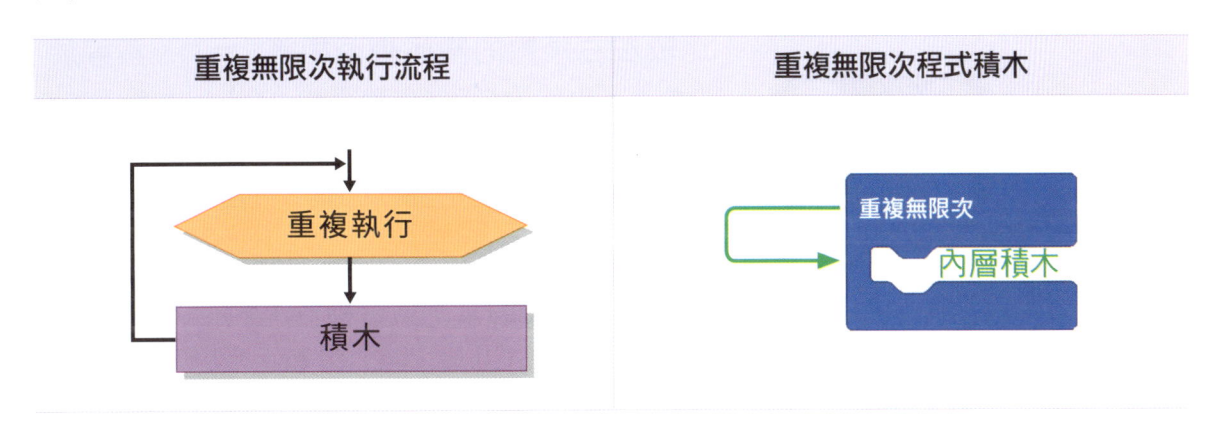

重複無限次執行流程	重複無限次程式積木
重複執行 → 積木（循環）	重複無限次 内層積木

小試身手 3　Micro:bit 溫度計

範例：microbit-ch4-3

請設計讓 micro:bit 重複顯示目前溫度。

Step 1　點擊 micro:bit 或 主頁，回到 makecode 主頁。點選【新增專案】，輸入專案名稱「ch4-3」，再按【創建】。

Step 2　點按 **輸入** 與 **基本**，拖曳右圖積木，重複偵測並顯示溫度值。

重複無限次
　顯示 數字　溫度感測值（°C）

Step 3　檢查模擬器是否顯示溫度跑馬燈。

拖曳溫度計調整溫度。

> **Micro:bit 一點通▶調整溫度**
> 執行 溫度感測值（°C） 積木時，模擬器會自動產生溫度計，拖曳溫度計就可調整溫度。

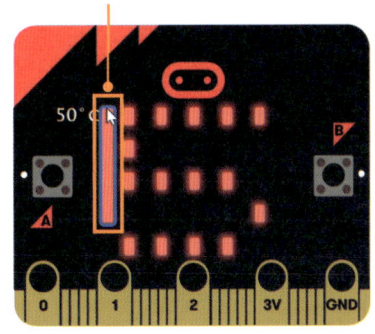

4-4　邏輯—關係運算

Micro:bit 邏輯 積木能夠比較左右兩邊大於、小於或等於的關係。

功能	積木	說明
數字比較	（0 = 0） （0 < 0）	比較左右兩數的關係是否相等（=）、不等於（≠）、小於（<）、小於等於（≤）、大於（>）或大於等於（≥）。 傳回布林值：「true」（真）兩數相等。 　　　　　　「false」（假）兩數不相等。
文字比較	（" " = " "）	比較左右兩邊的文字是否相等（=）。比較時，以文字的 ASCII 碼進行比較，例如「A」的 ASCII 碼為 65，「a」的 ASCII 碼為 97。 傳回布林值：「true」（真）兩邊文字相等。 　　　　　　「false」（假）兩文字不相等。 （註：ASCII 碼請參閱附錄四）

4-5　邏輯—如果—那麼

Micro:bit 邏輯 積木中「如果—那麼」屬於**單一選擇**執行流程。程式執行時依據「**條件的真或假**」決定執行流程，其中條件為「**true（真）**」才執行。

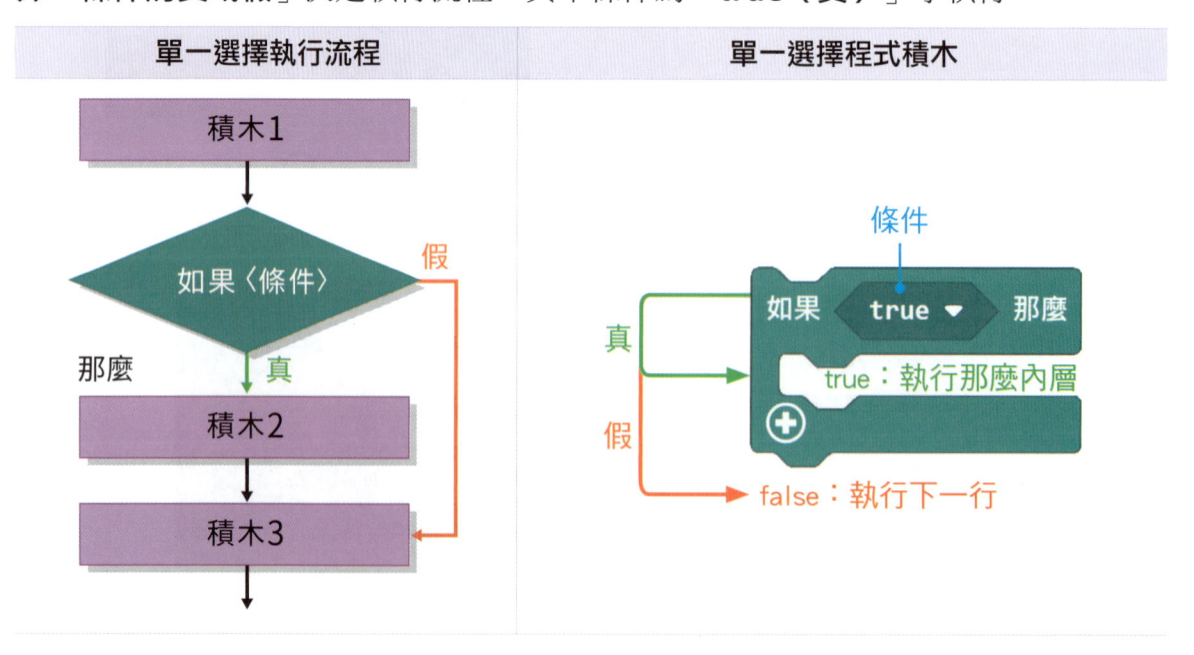

單一選擇執行流程	單一選擇程式積木
積木1 → 如果〈條件〉→ 真：積木2 → 積木3；假：積木3	條件 如果 true 那麼 true：執行那麼內層 false：執行下一行

Chapter 4　智能風扇　73

小試身手 4　「如果—那麼」為真　　範例：microbit-ch4-4

請設計如果條件為真，那麼就顯示圖示。

Step 1　點擊 micro:bit 或 主頁，回到 makecode 主頁。點選【新增專案】，輸入專案名稱「ch4-4」，再按【創建】。

Step 2　點按 輸入、邏輯 與 基本，拖曳 如下圖。

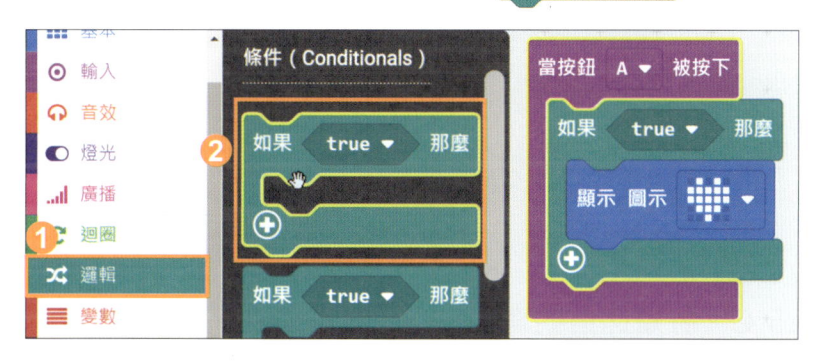

Step 3　點按 ，點選 【yes】（是的）。

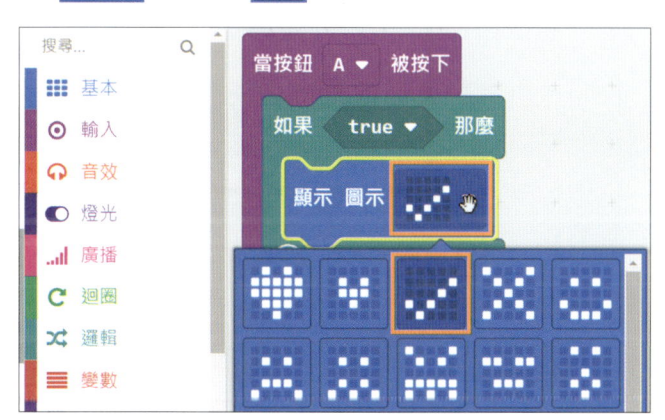

Step 4　按下按鈕【A】，檢查如果條件是 true （真）是否顯示 ，如果是 false （假）則沒有顯示圖示。

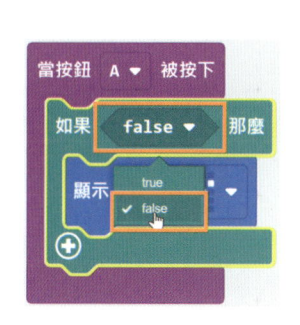

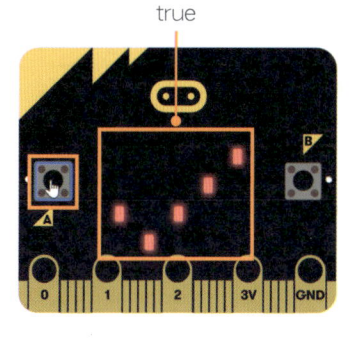

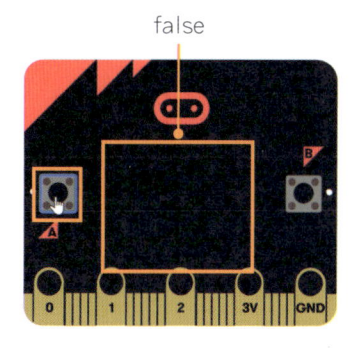

true　　　　　　　　false

4-6　智能風扇情境與流程規劃

本章以 micro:bit 的溫度感測器，偵測目前溫度。當溫度大於 25 度時，啟動外接馬達的葉片運轉開始降溫。智能風扇情境與執行流程如下。

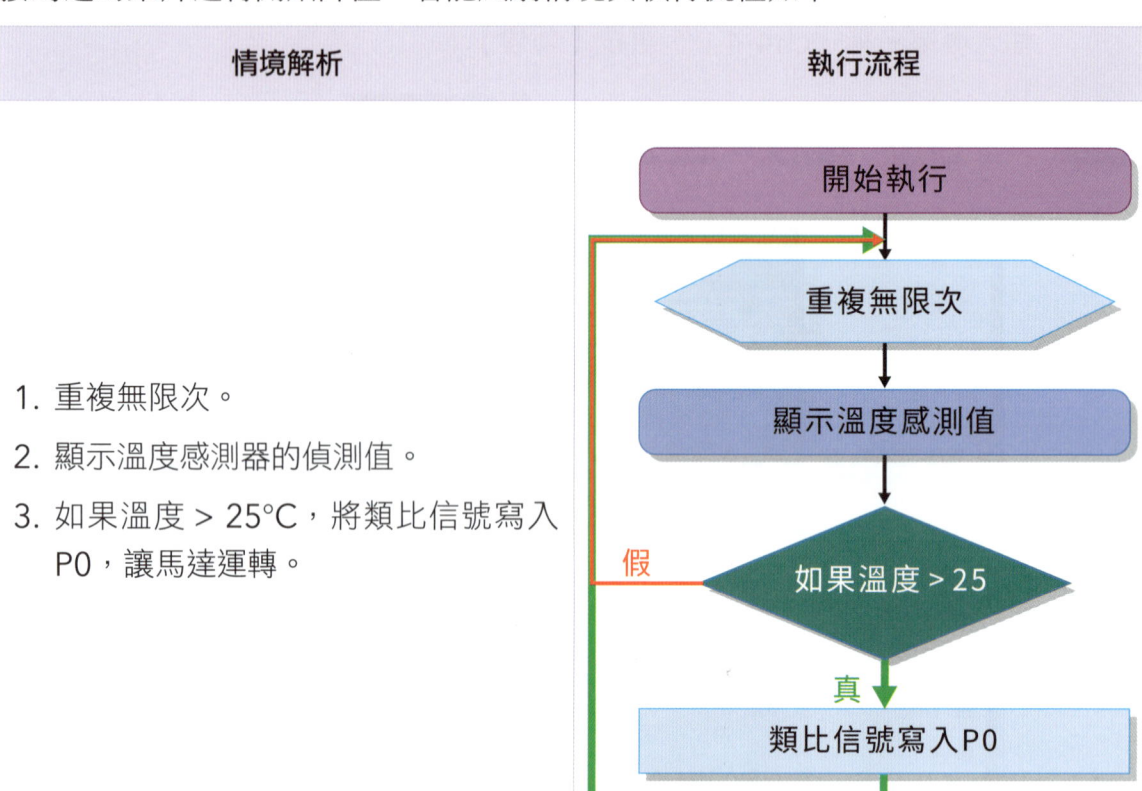

情境解析	執行流程
1. 重複無限次。 2. 顯示溫度感測器的偵測值。 3. 如果溫度 > 25°C，將類比信號寫入 P0，讓馬達運轉。	開始執行 → 重複無限次 → 顯示溫度感測值 → 如果溫度 > 25（假：回到重複無限次；真：類比信號寫入 P0）

4-7 顯示溫度感測值

跑馬燈重複顯示目前溫度。

程式設計運算思維

1. 溫度一直變化，需要重複偵測溫度 ➡ 使用 [重複無限次]，重複執行無限次。

2. 偵測目前溫度 ➡ 使用 [溫度感測值 (°C)] 傳回 micro:bit 攝氏（Celsius）溫度的感測值。

3. 溫度屬於數字，LED 顯示數字 ➡ 使用 [顯示 數字 0] 顯示數字。

動手實作

Step 1 點擊 micro:bit 或 主頁，回到 makecode 主頁。點選【新增專案】，輸入專案名稱「ch4」，再按【創建】。

Step 2 點按 輸入 與 基本，拖曳右圖積木，micro:bit 重複顯示溫度值。

```
重複無限次
    顯示 數字  溫度感測值 (°C)
```

Step 3 檢查模擬器是否重複顯示溫度計的溫度跑馬燈。

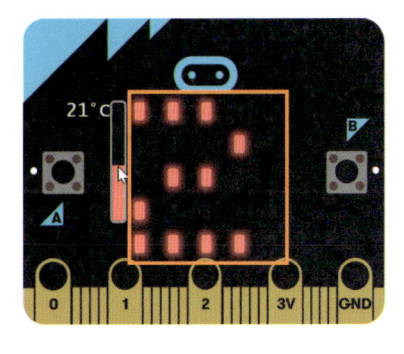

4-8 邏輯判斷溫度

利用邏輯的「如果—那麼」判斷溫度，如果溫度大於 25 度，啟動馬達運轉。

程式設計運算思維

1. 判斷溫度是否大於 25 度

利用 `0 < 0` 與 `溫度感測值（°C）` 判斷溫度是否大於 25 度。

2. 溫度大於 25 度，啟動馬達運轉

使用 `如果 true 那麼` 如果溫度大於 25 度時，應用 `類比信號寫入 引腳 P0 數字 1023` 將類比信號寫入 P0，啟動馬達運轉。

動手實作

Step 1 點按 邏輯，拖曳 `如果 true 那麼`。

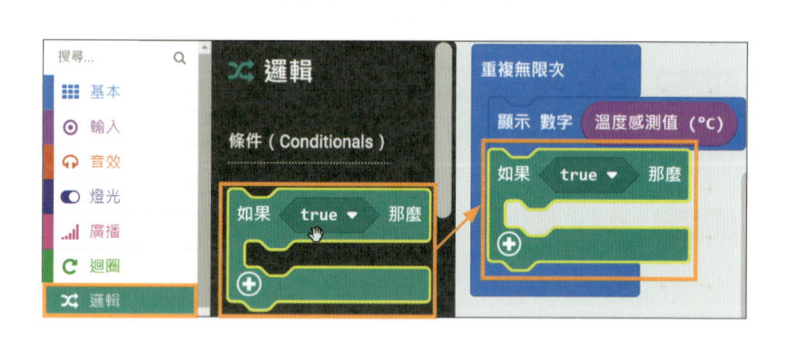

Step 2 拖曳 `0 < 0` 到 `true` 的位置。

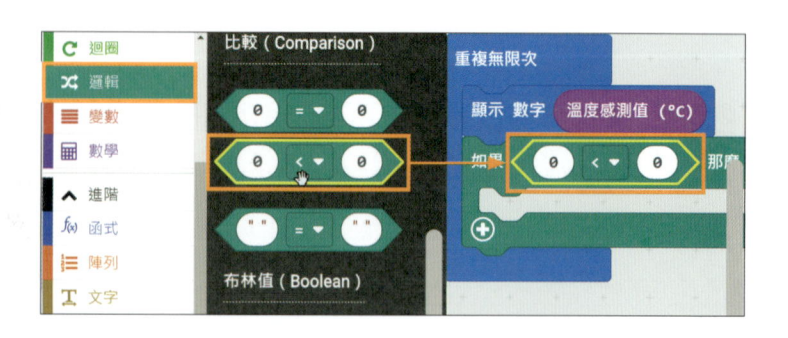

Chapter 4　智能風扇　77

Step 3 點按 ⊙ 輸入，拖曳 溫度感測值（°C） 到左邊位置，點按 < ▼ ，勾選【>】，輸入「25」，判斷「溫度 > 25」。

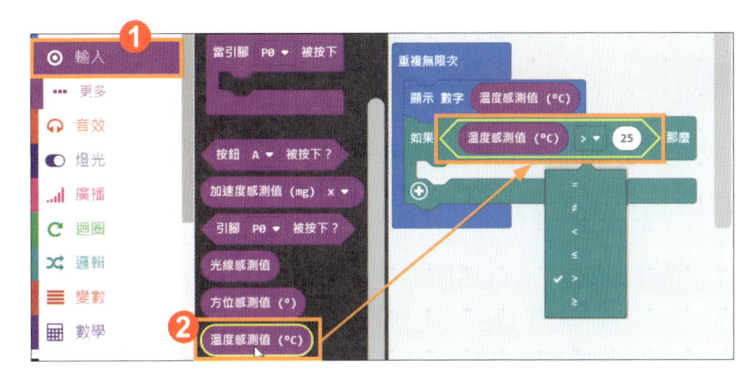

Step 4 點按 ⊙ 引腳，拖曳 類比信號寫入 引腳 P0 ▼ 數字 1023 到「如果─那麼」內層，如果「溫度 > 25」，那麼寫入類比信號，啟動馬達。

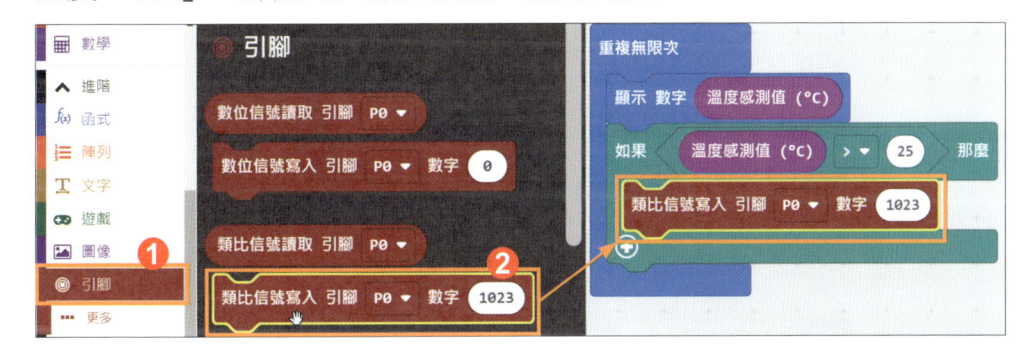

Step 5 拖曳模擬器溫度，當溫度大於 25 度時，在 P0 引腳自動啟動寫入 1023 類比信號。

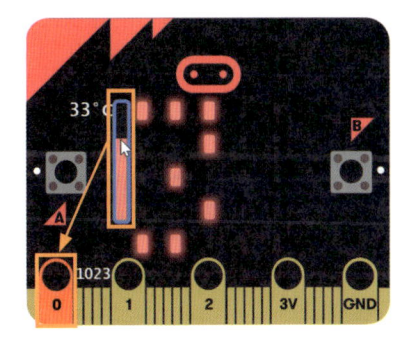

4-9　連接 micro:bit 與馬達

連接 micro:bit 與馬達，儲存檔案並將檔案下載到 micro:bit，當溫度大於 25 度時啟動馬達運轉。

Step 1　將 Micro USB 線，連接 micro:bit，另一頭 USB 連接電腦。

Step 2　將鱷魚夾一頭夾在 P0，另一頭夾在馬達的紅色線保險絲。

Step 3　將鱷魚夾一頭夾在接地線，另一頭夾在馬達的黑色線保險絲。

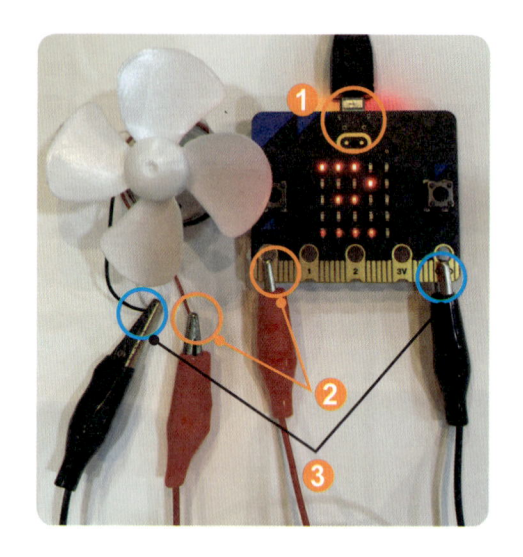

Step 4　點擊 💾【儲存】與 ⋯【Connected to micro:bit】，進行 micro:bit 裝置配對。

Step 5　點擊 下載，下載程式到 micro:bit。

Step 6　檢查溫度大於 25 度時，馬達是否開始運轉。

【註：馬達運轉會因 micro:bit V1、V2 的版本不同而有所差異，此範例建議請使用 V1 版本。】

實力評量

選擇題

( ) 1. 如果想要啟動馬達運轉，應該使用下列哪一個積木？
　　(A) 數位信號寫入 引腳 P0 數字 0
　　(B) 數位信號讀取 引腳 P0
　　(C) 類比信號寫入 引腳 P0 數字 1023
　　(D) 類比信號讀取 引腳 P0 。

( ) 2. 如果想知道馬達運轉的動力，讀取馬達的寫入值，應該使用哪一個積木？
　　(A) 數位信號寫入 引腳 P0 數字 0
　　(B) 類比信號讀取 引腳 P0
　　(C) 類比信號寫入 引腳 P0 數字 1023
　　(D) 數位信號讀取 引腳 P0 。

( ) 3. Micro:bit 內建的溫度感測器在右圖一中的哪一個位置？
　　(A) A　(B) B　(C) C　(D) D。

( ) 4. 如果想利用 micro:bit 偵測溫度，應該使用下列哪一個積木？
　　(A) 方位感測值 (°)
　　(B) 溫度感測值 (°C)
　　(C) 數位信號讀取 引腳 P0
　　(D) ▢ = ▢ 。

圖一

( ) 5. 下列哪一類積木不屬於 邏輯 積木？
　　(A) 如果 true 那麼
　　(B) 0 = 0
　　(C) 重複 4 次 執行
　　(D) 如果 true 那麼 否則

( ) 6. 關於邏輯積木中比較兩數之間關係的敘述何者錯誤？
　　(A) 能夠判斷大於、小於或等於
　　(B) 0 = 0 等號左邊或右邊能夠放數字或數學相關運算結果
　　(C) 判斷結果只有真（true）或假（false）
　　(D) ▢ = ▢ 等號左邊或右邊能夠放數字比較結果。

(　　) 7. 右圖二積木中,當按下按鈕【A】之後結果為何?
(A) 顯示 Y　　　　　　(B) 顯示 N
(C) 先顯示 Y 再顯示 N　(D) 不顯示。

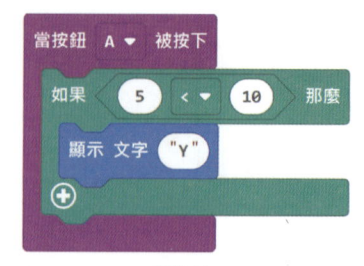

圖二

(　　) 8. 右圖三積木中,當按下按鈕【A】之後結果為何?
(A) 顯示 Y　　　　　　(B) 顯示 N
(C) 先顯示 Y 再顯示 N　(D) 不顯示。

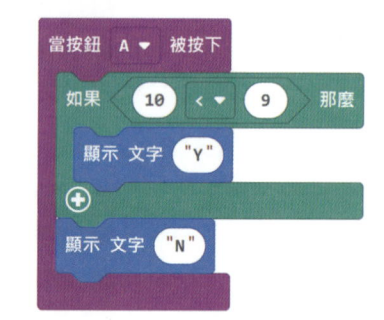

圖三

(　　) 9. 右圖四的馬達紅色電源線,應該接在 micro:bit 右圖五的哪一個引腳?
(A) A　(B) B　(C) C　(D) D。

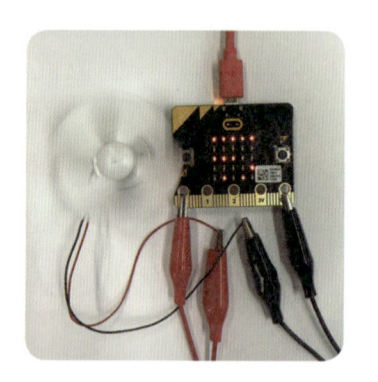

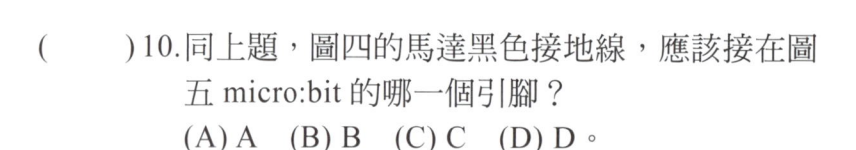

圖四

(　　) 10.同上題,圖四的馬達黑色接地線,應該接在圖五 micro:bit 的哪一個引腳?
(A) A　(B) B　(C) C　(D) D。

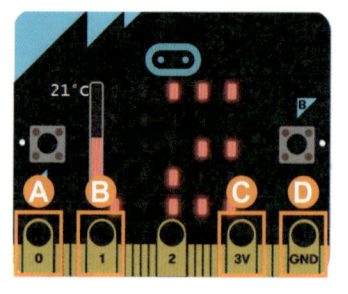

圖五

實作題

1. 請利顯示圖片積木，當溫度大於 25 度時顯示圖示，並讓馬達運轉。

2. **題目名稱**：智能風扇

   題目說明：請改寫，如果「溫度沒有大於 25 度顯示愛心圖示」，如果「溫度大於 25 度時顯示生氣圖示，並讓馬達運轉」。

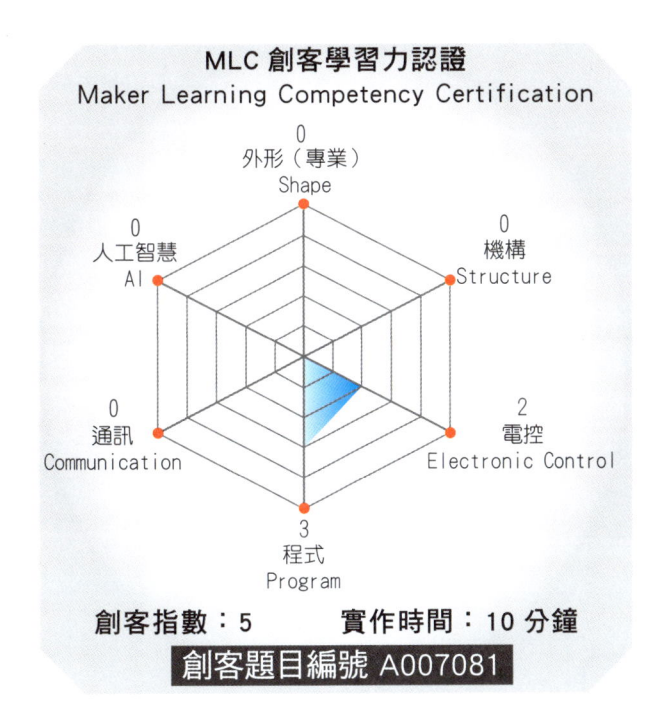

MLC 創客學習力認證
Maker Learning Competency Certification

項目	分數
外形（專業）Shape	0
機構 Structure	0
電控 Electronic Control	2
程式 Program	3
通訊 Communication	0
人工智慧 AI	0

創客指數：5　　實作時間：10 分鐘
創客題目編號 A007081

Chapter 5
指南針

本章以 micro:bit 當指南針，帶著它、移動它，micro:bit 指針顯示目前東、西、南、北的方向。

學習目標
1. 理解 micro:bit 指南針原理。
2. 認識指南針度數。
3. 能夠應用邏輯判斷指南針方位。
4. 能夠應用 LED 顯示方向。

Micro:bit 元件規劃表

Micro:bit 指南針　　Micro USB 連接線 　　電池盒與 2 個 AAA 電池（3V）

> 完成作品

模擬器

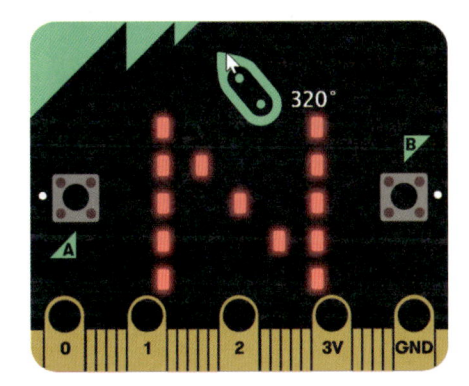

實體

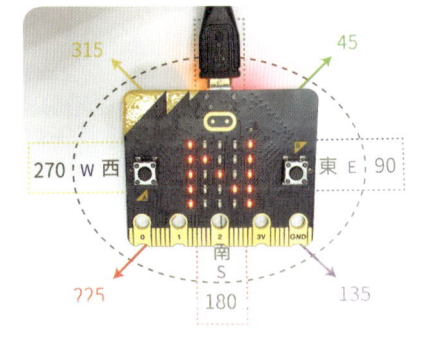

```
重複無限次
    顯示 數字  方位感測值 (°)
    如果  方位感測值 (°)  <  45  那麼
        顯示 文字 "N"
    否則如果  方位感測值 (°)  <  135  那麼
        顯示 文字 "E"
    否則如果  方位感測值 (°)  <  225  那麼
        顯示 文字 "S"
    否則如果  方位感測值 (°)  <  315  那麼
        顯示 文字 "W"
    否則
        顯示 文字 "N"
```

5-1　Micro:bit 基本元件─指南針

本章將使用 micro:bit 主板上的指南針與 LED，以指南針偵測方位變化，再利用 LED 顯示指南針的方位。

一、指南針

Micro:bit 內建指南針（Compass）又稱為電子羅盤，主要利用磁力感測晶片（Magnetometer chip）偵測特定方位的磁力感測值。

指南針

二、指南針積木

指南針偵測的方位數值利用 `輸入` 積木傳到 micro:bit。

功能	積木	說明
傳回方位值	方位感測值（°）	傳回 micro:bit 指南針的方位感測值。 方位值範圍：0 度為北（North）。 　　　　　　90 度為東（East）。 　　　　　　180 度為南（South）。 　　　　　　270 度為西（West）。
傳回磁力值	磁力感測值（μT） x	傳回 micro:bit x、y 或 z 軸方向的磁力感測值。
校準	電子羅盤校準	校正指南針。

小試身手 1　電子羅盤校準

◎ 範例：microbit-ch5-1

請傾斜移動 micro:bit 點亮全部 LED，校準電子羅盤。

Step 1 開啟瀏覽器，輸入網址 https://makecode.microbit.org/。

Step 2 點選【新增專案】，輸入專案名稱「ch5-1」，再按【創建】。

Step 3 點按 【輸入】的【更多選項】，拖曳 電子羅盤校準 與下圖積木，校準電子羅盤。

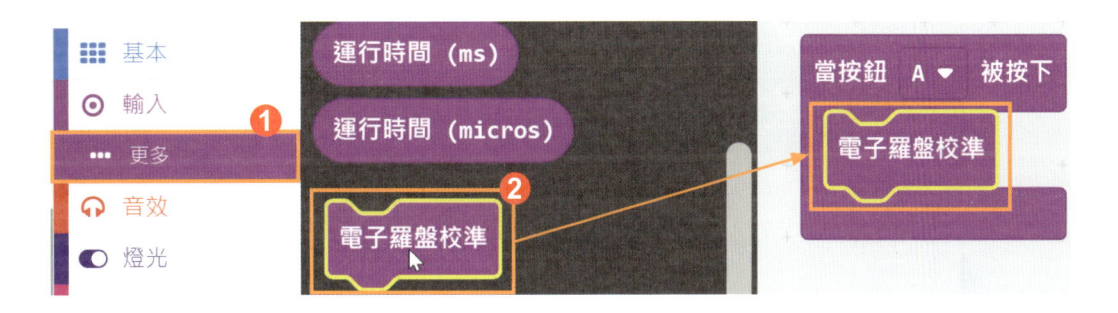

Step 4 點擊 【儲存】與 【Connected to micro:bit】，進行 micro:bit 裝置配對。

Step 5 點擊 【下載】，下載程式到 micro:bit。

Step 6 按下按鈕【A】，校準時顯示「TILT TO FILL SCREEN」（傾斜填滿螢幕），請傾斜 micro:bit 的 LED，直到點亮全部 LED，LED 顯示笑臉，校準完成。

傾斜移動 LED　　　點亮全部 LED　　　顯示笑臉，校準完成

5-2 邏輯─如果─那麼─否則

Micro:bit ⤧邏輯 積木中「如果─那麼─否則」屬於**多重選擇**執行流程。程式執行時依據「**條件的真或假**」分別執行不同的流程，如下圖所示。

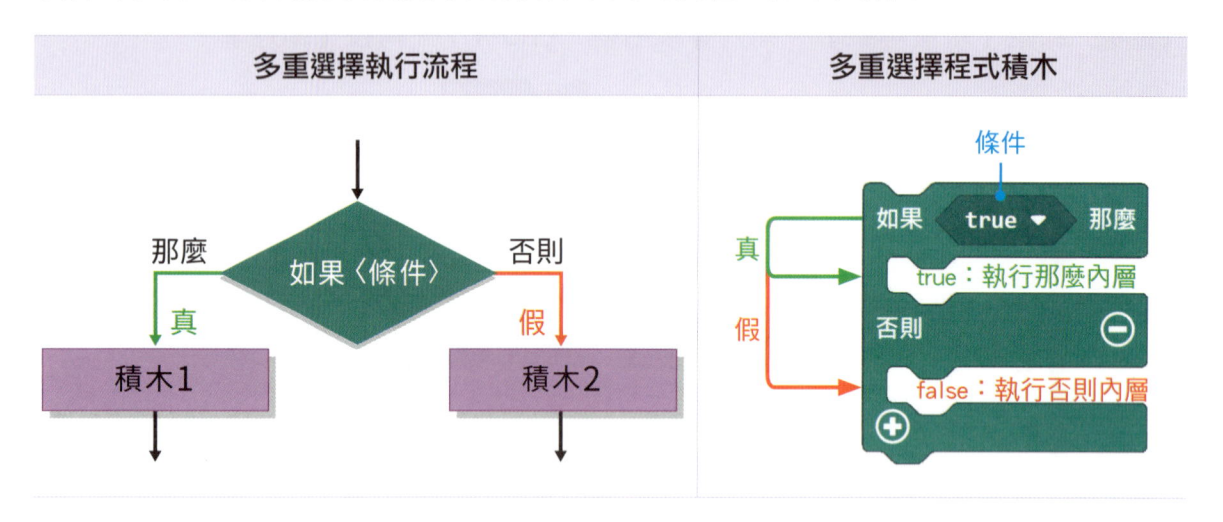

多重選擇執行流程	多重選擇程式積木

小試身手 2　　如果─那麼─否則說或唱　　◎ 範例：microbit-ch5-2

請利用「如果─那麼─否則」，讓 micro:bit 顯示生日快樂的英文或播放生日快樂旋律。

Step 1　點擊 micro:bit 或 主頁，回到 makecode 主頁。點選【新增專案】，輸入專案名稱「ch5-2」，再按【創建】。

Step 2　點按 輸入、⤧邏輯 與 基本，拖曳下圖積木，按下按鈕【A】或【B】將「條件」分別設定為「true」（真）與「false」（假）。

Step 3 按下按鈕【A】，條件為「true」（真），請勾選 micro:bit 顯示的執行結果。
　　□ 顯示「Happy Birthday」文字跑馬燈。
　　□ 播放「birthday」生日歌曲。

Step 4 按下按鈕【B】，條件為「false」（假），請勾選 micro:bit 顯示的執行結果。
　　□ 顯示「Happy Birthday」文字跑馬燈。
　　□ 播放「birthday」生日歌曲。

5-3　指南針流程規劃

本章將 micro:bit 當指南針，帶著它、移動它，micro:bit 顯示目前東、西、南、北的方位。

一、指南針的方位與度數範圍

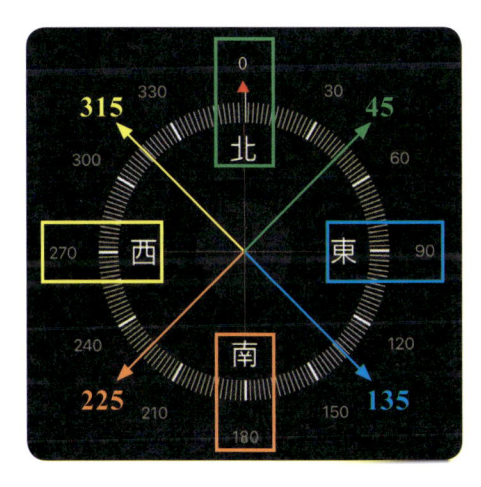

方位	北	東	南	西
度數	0°	90°	180°	270°
範圍	0°～45° 315°～359°	45°～135°	135°～225°	225°～315°
腳本規劃	如果方位感測值<45°（或大於等於315°）；顯示文字「N」(北)。	如果方位感測值<135°；顯示文字「E」(東)。	如果方位感測值<225°；顯示文字「S」(南)。	如果方位感測值<315°；顯示文字「W」(西)。

二、指南針執行流程

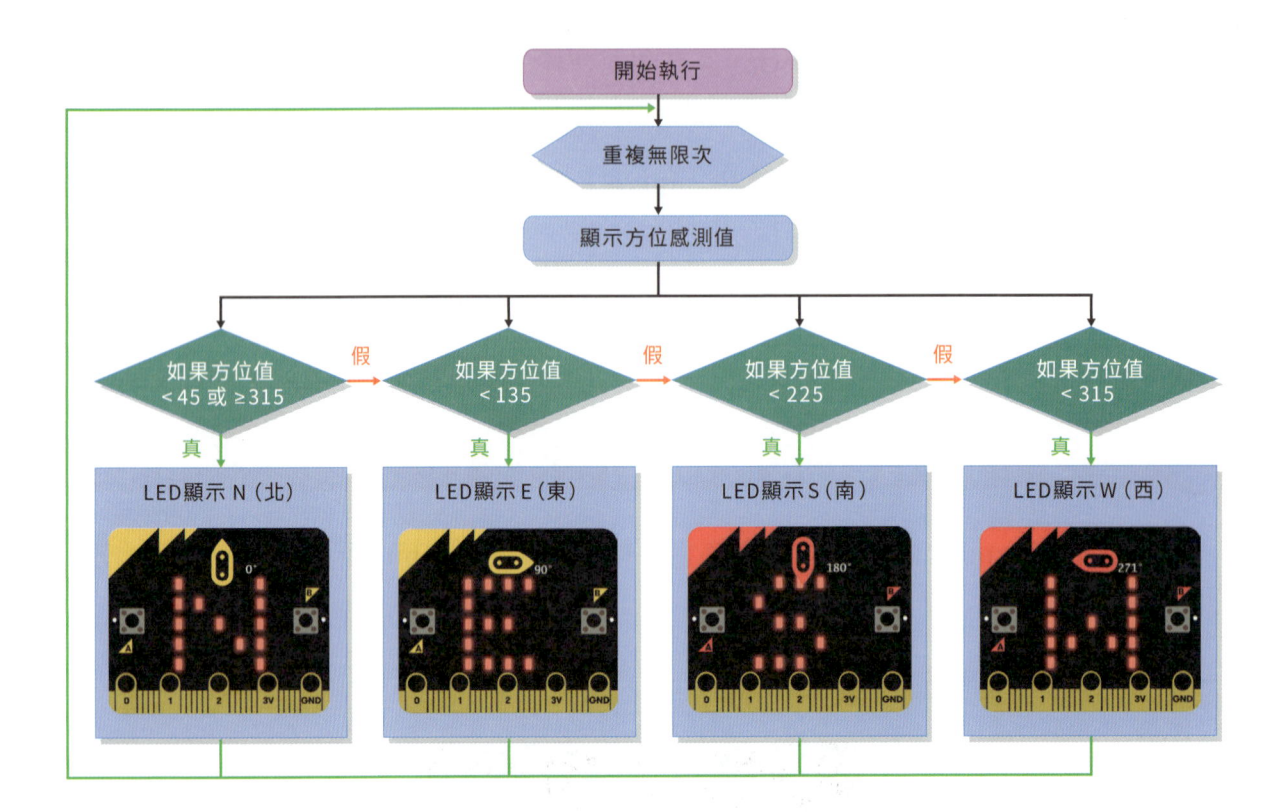

```
開始執行
   ↓
重複無限次
   ↓
顯示方位感測值
```

如果方位值 <45 或 ≥315	→假	如果方位值 <135	→假	如果方位值 <225	→假	如果方位值 <315
↓真		↓真		↓真		↓真
LED顯示 N（北）		LED顯示 E（東）		LED顯示 S（南）		LED顯示 W（西）
0°		90°		180°		271°

5-4　顯示指南針方位值

程式設計運算思維

1. **方位值隨著移動的位置變化，需要重複偵測方位**
   使用 `重複無限次`，重複執行無限次。

2. **偵測目前指南針方位**
   使用 `方位感測值（°）`，傳回 micro:bit 指南針的方位感測值。

3. **方位值屬於數字，LED 顯示數字**
   使用 `顯示 數字 0` 顯示數字。

Chapter 5 指南針　89

動手實作

Step 1 點擊 micro:bit 或 主頁，回到 makecode 主頁。點選【新增專案】，輸入專案名稱「ch5」，再按【創建】。

Step 2 點按 輸入 與 基本，拖曳右圖積木，micro:bit 重複顯示方位感測值。

```
重複無限次
    顯示 數字  方位感測值 (°)
```

Step 3 按住旋轉模擬器上的方位值，檢查模擬器是否重複顯示方位值跑馬燈。

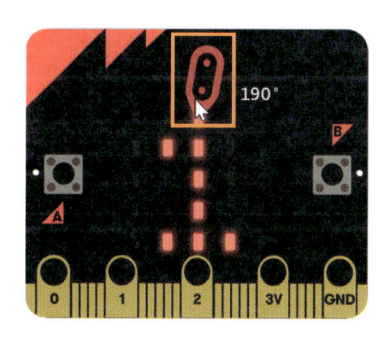

5-5　如果─那麼─否則判斷方位

1. 如果方位感測值 < 45° 或 ≥ 315°，顯示北方文字「N」。
2. 如果方位感測值 < 135°，顯示東方文字「E」。
3. 如果方位感測值 < 225°，顯示南方文字「S」。
4. 如果方位感測值 < 315°，顯示西方文字「W」。

程式設計運算思維

1. 判斷東、西、南、北方位 ➡ 使用 [如果 true 那麼 / 否則] 判斷方位。

2. 顯示東、西、南、北方位的英文字 ➡ 使用 [顯示文字 "Hello!"] 顯示英文字「E」、「W」、「S」、「N」。

3. 指南針的方位隨著所在位置變化，判斷目前所在位置的方位

指南針每次都要即時指出目前所在位置東、西、南、北其中一個方位，使用多個「如果 — 那麼 — 否則」判斷目前方位。

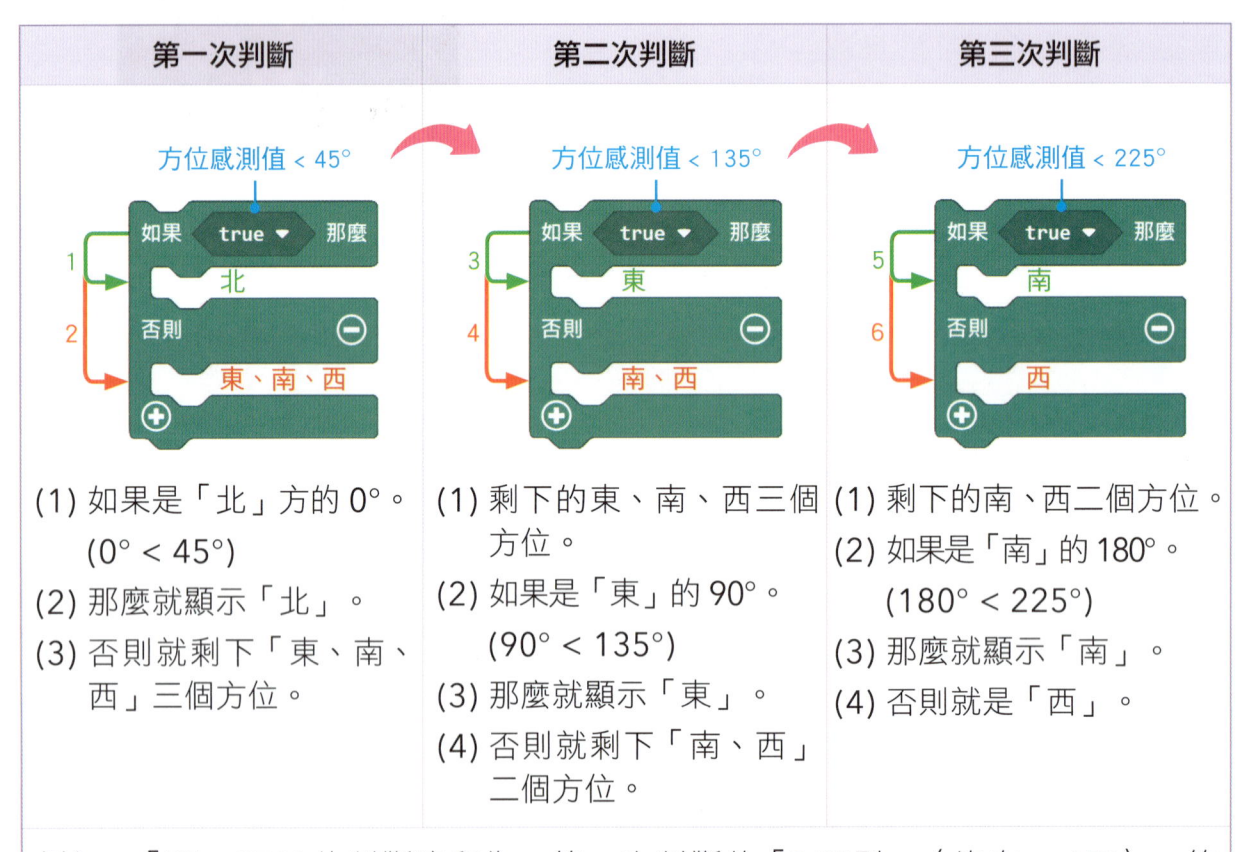

第一次判斷	第二次判斷	第三次判斷
方位感測值 < 45°	方位感測值 < 135°	方位感測值 < 225°
如果 true 那麼 北 / 否則 東、南、西	如果 true 那麼 東 / 否則 南、西	如果 true 那麼 南 / 否則 西
(1) 如果是「北」方的 0°。(0° < 45°) (2) 那麼就顯示「北」。 (3) 否則就剩下「東、南、西」三個方位。	(1) 剩下的東、南、西三個方位。 (2) 如果是「東」的 90°。(90° < 135°) (3) 那麼就顯示「東」。 (4) 否則就剩下「南、西」二個方位。	(1) 剩下的南、西二個方位。 (2) 如果是「南」的 180°。(180° < 225°) (3) 那麼就顯示「南」。 (4) 否則就是「西」。

例如：「西」270° 的判斷流程為：第一次判斷的「2 否則」（沒有 < 45°）→ 第二次判斷的「4 否則」（沒有 < 135°）→ 第三次判斷的「6 否則」（沒有 < 225°）。

Chapter 5　指南針

Micro:bit 一點通 ▶ 新增多個「如果—那麼—否則」的方式

在如果—那麼—否則的 ⊕，依據「判斷的條件」新增多個「如果—那麼—否則」。

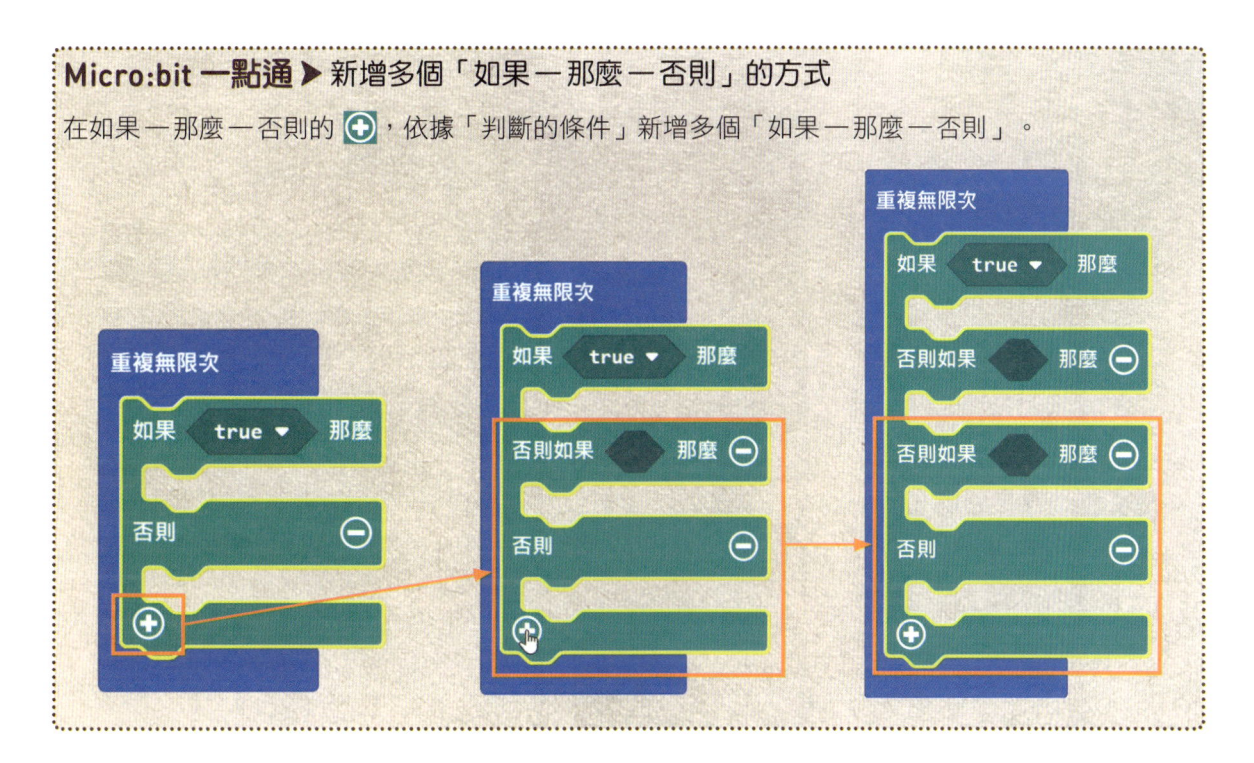

動手實作

Step 1　點按 🔀 邏輯，拖曳 [如果 true 那麼 / 否則] 。

Step 2　點按 3 次 ⊕，新增 3 個「如果—那麼—否則」的條件判斷。

Micro:bit 一點通
當方位值大於等於 315° 屬於北方，因此需要 4 個條件判斷。

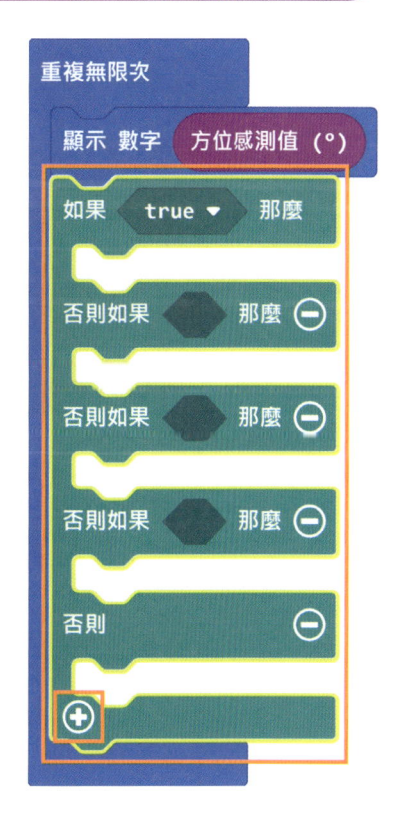

Step 3 點按 🔀 邏輯 與 ⊙ 輸入，拖曳下圖積木，判斷方位感測值是否小於 45 度。

Step 4 按 ▦ 基本，拖曳 顯示 文字 "Hello!"，輸入「N」。

Step 5 重複 Step 3～4，分別複製「方位感測值 < 135」，顯示文字【E】、「方位感測值 < 225」，顯示文字【S】、「方位感測值 < 315」，顯示文字【W】，否則顯示文字【N】。

```
重複無限次
    顯示 數字  方位感測值 (°)
    如果  方位感測值 (°)  <  45  那麼
        顯示 文字  "N"     方位感測值小於 45 顯示北。
    否則如果  方位感測值 (°)  <  135  那麼  ⊖   45 ≤ 方位值 < 135
        顯示 文字  "E"     方位感測值小於 135 顯示東。
    否則如果  方位感測值 (°)  <  225  那麼  ⊖   135 ≤ 方位值 < 225
        顯示 文字  "S"     方位感測值小於 225 顯示南。
    否則如果  方位感測值 (°)  <  315  那麼  ⊖   225 ≤ 方位值 < 315
        顯示 文字  "W"     方位感測值小於 315 顯示西。
    否則                                  ⊖   方位值 ≥ 315
        顯示 文字  "N"     否則方位感測值大於等於 315 顯示北。
    ⊕
```

Step 6 按住模擬器上的指南針旋轉，檢查模擬器是否重複顯示方位值與方位文字。

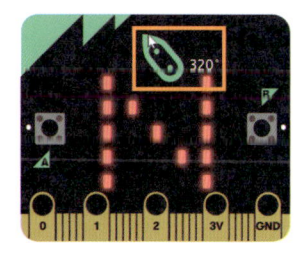

5-6　Micro:bit 指南針

Step 1 點擊 🖫【儲存】與 ⋯【Connected to micro:bit】，進行 micro:bit 裝置配對。

Step 2 點擊 ⚡下載，下載程式到 micro:bit，將 micro:bit 顯示的方位文字放在附錄六指南針地圖的相同方位上，旋轉 micro:bit，檢查 micro:bit 顯示的方位值是否隨著所在位置變化。

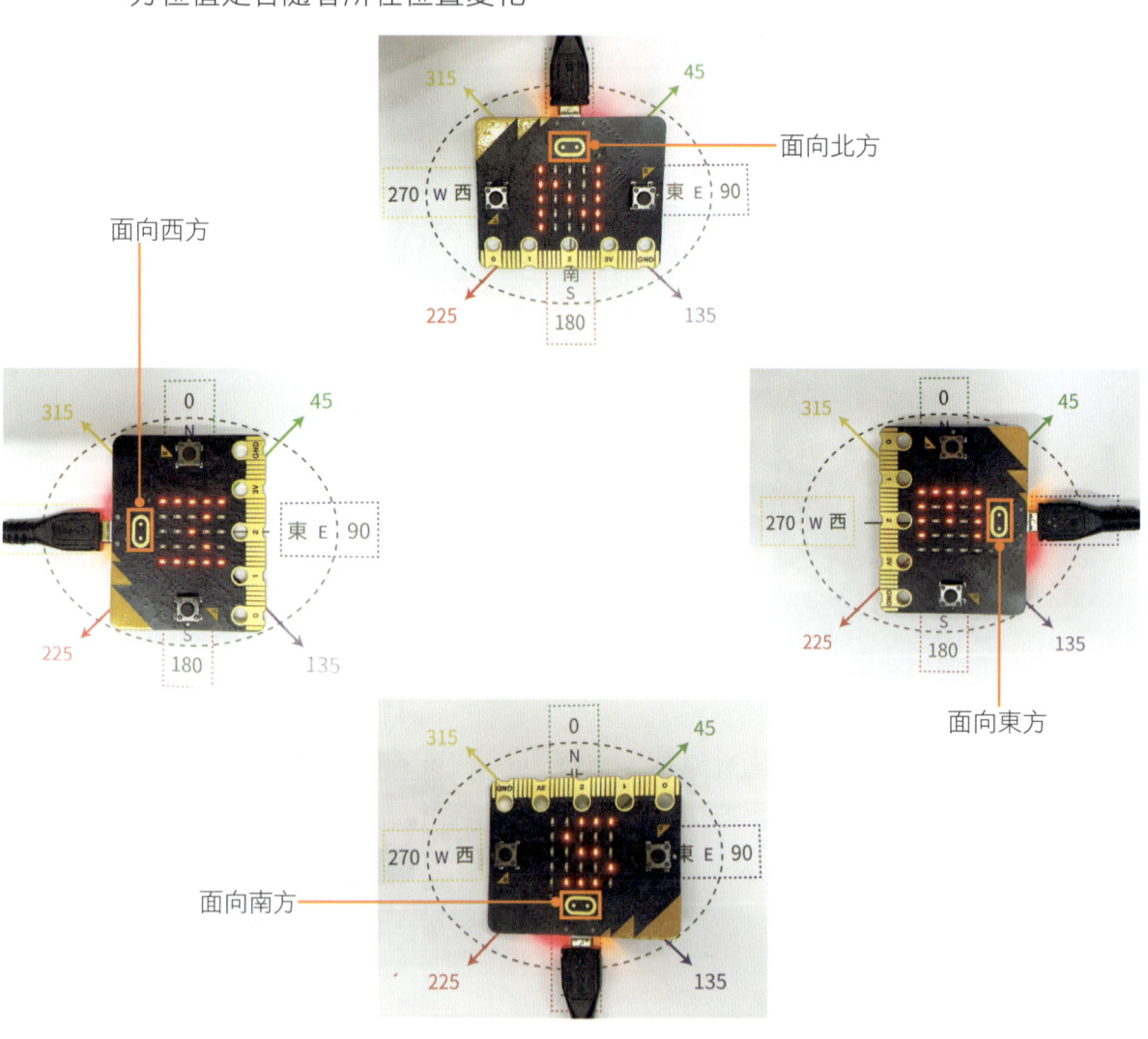

面向北方

面向西方

面向東方

面向南方

Micro:bit 一點通

指南針顯示的方位是目前 micro:bit 🔲 面向的方位。例如目前顯示 N，表示 micro:bit 🔲 面向北方，旋轉 micro:bit，如果顯示 S，表示 micro:bit 🔲 面向南方。

實力評量

選擇題

( ) 1. 指南針的正北方度數為何？
(A) 0 度或 360 度　(B) 90 度　(C) 180 度　(D) 270 度。

( ) 2. 下列哪一個積木能夠用來表達指南針的方位？
(A)  顯示 箭頭 箭頭數字 北　(B)  顯示 文字 "N"　(C) 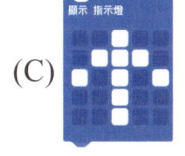 [顯示 指示燈]　(D) 以上皆可。

( ) 3. 如果想利用 micro:bit 指南針的磁力感測器在右圖的哪一個位置？
(A) A　(B) B　(C) C　(D) D。

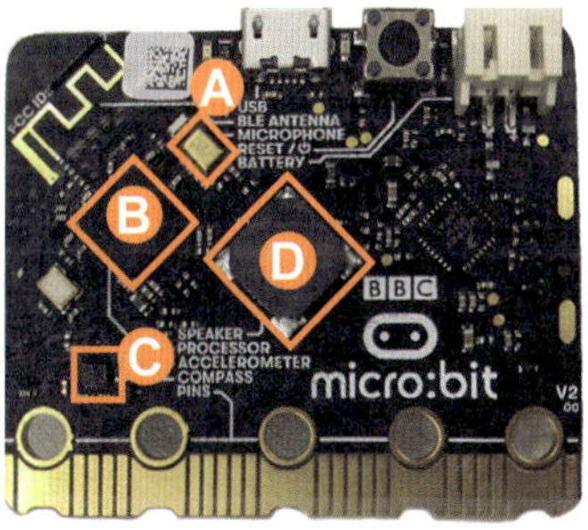

( ) 4. 如果想利用 micro:bit 指南針偵測目前的方位，應使用下列哪一個積木？
(A) 電子羅盤校準
(B) 溫度感測值（°C）
(C) 姿勢為 晃動 ？
(D) 方位感測值（°）。

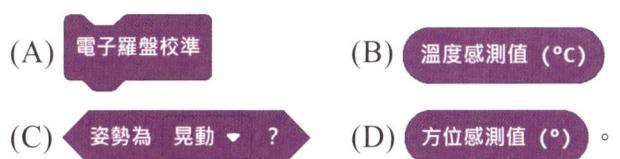

( ) 5. 下列關於  邏輯 積木敘述何者正確？
(A)  如果 true 那麼　如果條件 true（真）執行那麼
(B)  0 = 0　判斷兩數之間的關係是否相等
(C) 如果 true 那麼 否則　如果條件 false（假）執行否則
(D) 以上皆是。

(　　) 6. 下列哪一個積木能夠校準指南針？
　　　　(A)  電子羅盤校準
　　　　(B)  方位感測值（°）
　　　　(C)  顯示 箭頭 箭頭數字 北
　　　　(D)  運行時間（ms）。

(　　) 7. 右圖一程式執行結果為何？
　　　　(A) 只顯示文字
　　　　(B) 先播放旋律再顯示文字
　　　　(C) 只播放旋律
　　　　(D) 先顯示文字再播放旋轉。

圖一

(　　) 8. 右圖二積木中，如果方位感測值為 100，會顯示哪一個方位？
　　　　(A) E（東）
　　　　(B) W（西）
　　　　(C) S（南）
　　　　(D) N（北）。

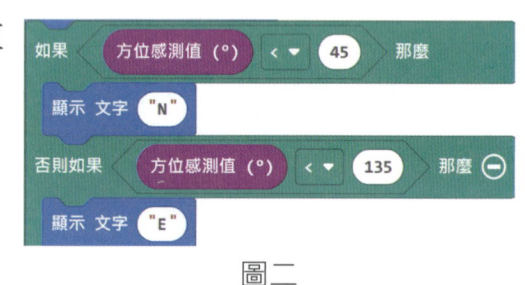

圖二

(　　) 9. 下列關於模擬器顯示的感測器，何者有誤？
　　　　(A) 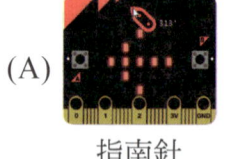 指南針
　　　　(B) 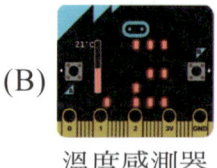 溫度感測器
　　　　(C) 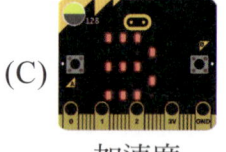 加速度感測器
　　　　(D) 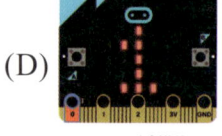 P0 引腳

(　　)10. 關於指南針的敘述何者錯誤？
　　　　(A) 指南針可以用來偵測是否晃動 micro:bit
　　　　(B) 指南針利用  方位感測值（°） 與  磁力感測值（μT）x 輸入偵測值
　　　　(C) 指南針使用前需要先校準
　　　　(D) 指南針利用磁力感測晶片偵測特定方位的磁力感測值。

實作題

1. **題目名稱**：指南針

    題目說明：請利用 [顯示 箭頭 箭頭數字 北] 顯示箭頭的圖示，設計指南針顯示的方位。

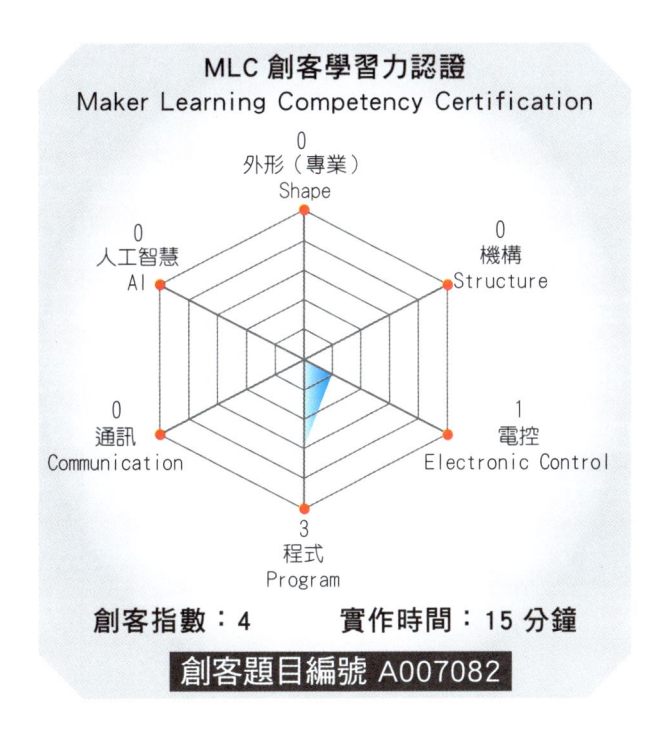

    MLC 創客學習力認證
    Maker Learning Competency Certification

    - 外形（專業）Shape：0
    - 機構 Structure：0
    - 電控 Electronic Control：1
    - 程式 Program：3
    - 通訊 Communication：0
    - 人工智慧 AI：0

    創客指數：4　　實作時間：15 分鐘

    創客題目編號 A007082

2. 請利用 [如果 true 那麼 / 否則] 改寫程式。如果「溫度大於 25 度時顯示生氣圖示，並讓馬達運轉」，否則，如果「溫度沒有大於 25 度顯示愛心圖示」。

Chapter 6
骰子比大小

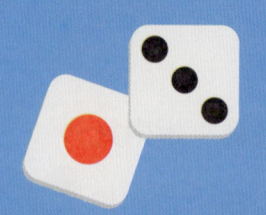

一個骰子有六個面,每一面分別有 1~6 不同的點數,本章將利用 micro:bit 設計「骰子比大小」的遊戲,當搖晃 micro:bit 時,隨機顯示 1~6 點,比一比誰的點數比較大!

學習目標
1. 理解 micro:bit 晃動原理。
2. 能夠建立變數。
3. 能夠設定變數值並改變變數值。
4. 能夠應用邏輯的「如果—那麼」條件判斷。
5. 能夠應用邏輯設計 LED 變化。

Micro:bit 元件規劃表

Micro:bit 加速度感測器　　Micro USB 連接線 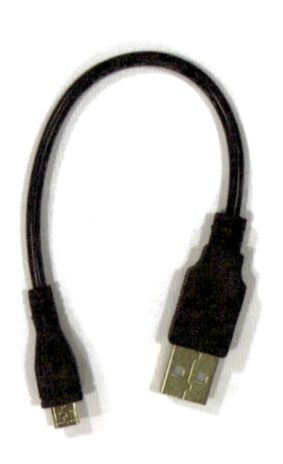　　電池盒與 2 個 AAA 電池（3V）

完成作品

模擬器

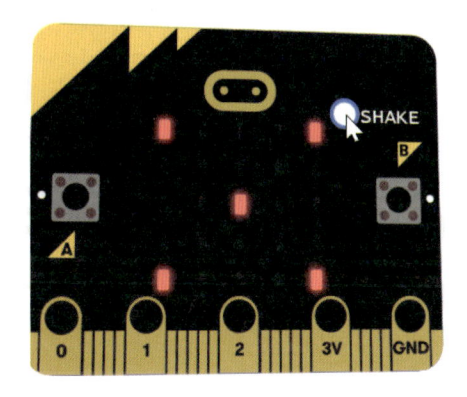

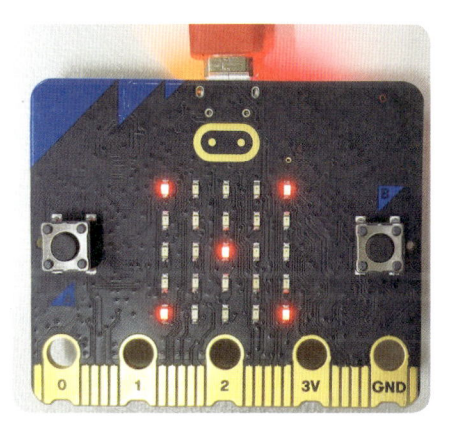

實體

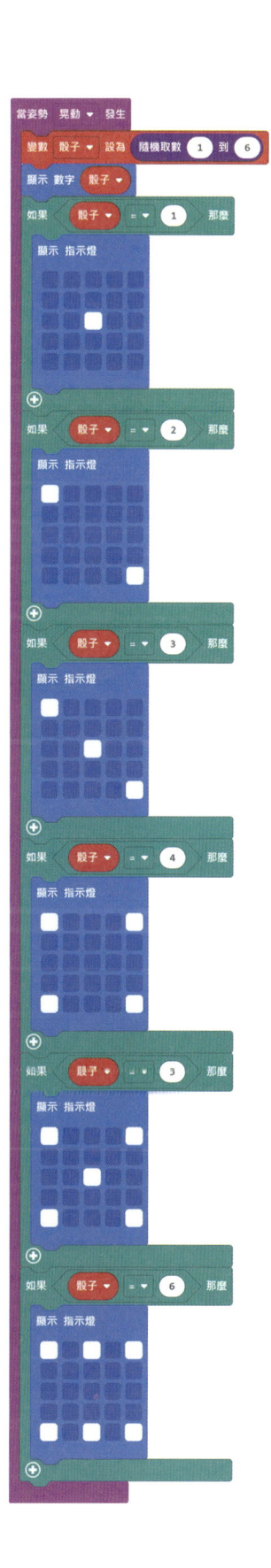

6-1　Micro:bit 基本元件―加速度感測器―

本章將使用 micro:bit 主板上的加速度感測器與 LED，以加速度感測器偵測 micro:bit 晃動的變化值，隨機點亮骰子的點數。

一、加速度感測器

Micro:bit 內建加速度感測器（Accelerometer），當晃動 micro:bit 時，加速度感測器就會偵測搖動方向是上下、左右與前後，以及晃動的強度。

加速度感測器

二、加速度感測器積木

加速度感測器利用 輸入 積木偵測晃動 micro:bit 時啟動程式執行。更多功能將在第 8 章介紹。

功能	積木	說明
晃動時啟動	當姿勢 晃動 ▼ 發生 晃動、下側偏低、上側偏低、正面朝上 背面朝上、左側偏低、右側偏低、自由掉落 3G 重力、6G 重力、8G 重力	當 micro:bit 晃動、logo 前後傾斜、左右傾斜、正面朝上、正面朝下或自由落體掉落時，開始執行內層程式。

6-2 Micro:bit 變數

　　生活中「溫度」、「時間」或「日期」等資訊隨時在變化，在程式執行過程中需要建立一個名稱來暫存目前資訊，例如「溫度 = 30」、「時間 = 12」或「日期 = 19」等。變數（Variable）就是程式在執行時一直變動的數，而變數名稱就是用來暫存數值。

功能	積木	說明
建立	建立一個變數	建立一個變數，變數名稱可以是中文、英文或數字。
傳回值	搖動數值	傳回變數的值。
設定	變數 搖動數值 設為 1	設定變數的值，變數值可以是數字或 ASCII 碼的英文字或符號。（註：ASCII 碼請參閱附錄四）
改變	變數 搖動數值 改變 1	改變變數的值，改變的值為數字。正數：增加；負數：減少。

小試身手 1　搖搖計步器

範例：microbit-ch6-1

請設計搖搖計步器，當按下按鈕【A】將計步器歸 0，當晃動 micro:bit 時，搖動數值加 1。

Step 1 開啟瀏覽器，輸入網址 https://makecode.microbit.org/。

Step 2 點選【新增專案】，輸入專案名稱「ch6-1」，再按【創建】。

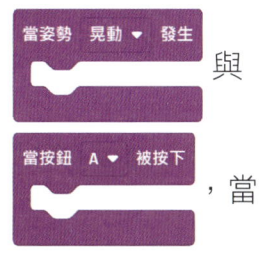

Step 3 點按 輸入，拖曳 當姿勢 晃動 發生 與 當按鈕 A 被按下，當晃動 micro:bit 或按下按鈕【A】時，開始執行程式。

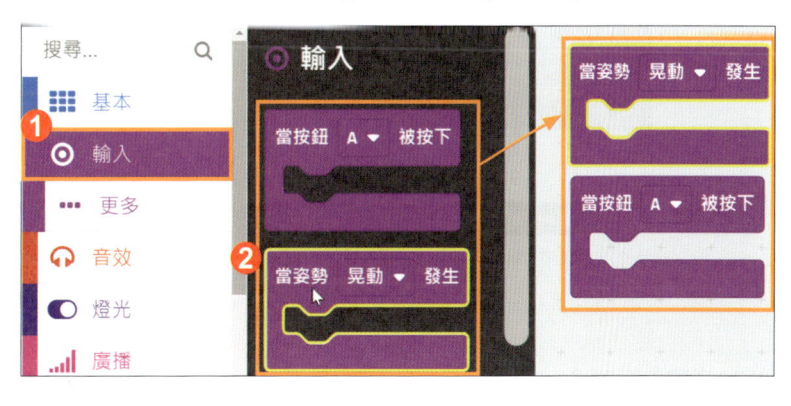

Step 4 點按 ≡變數，再按 建立一個變數，輸入新的變數名稱「搖動數值」，再按【確定】，自動產生變數相關積木。

Step 5 點按 ≡變數，拖曳下圖積木，當晃動 micro:bit，將搖動數值「+1」；當按下按鈕【A】時，將搖動數值設定為「0」。

當姿勢 晃動 發生　晃動時，數值加 1。
變數 搖動數值 改變 1

當按鈕 A 被按下　按下 A 從 0 開始。
變數 搖動數值 設為 0

Step 6 點按 基本 與 ≡變數，拖曳 搖動數值 至下圖積木，顯示搖動數值。

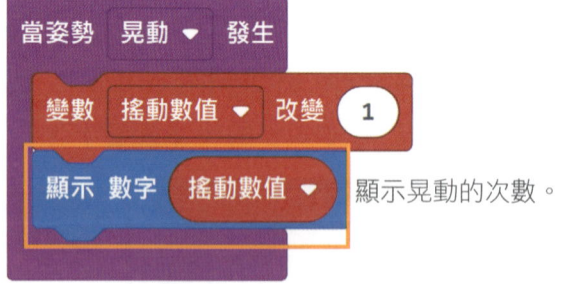

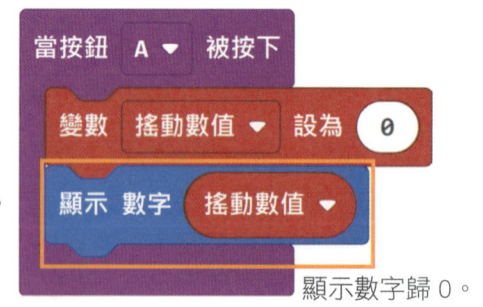

當姿勢 晃動 發生
變數 搖動數值 改變 1
顯示 數字 搖動數值　顯示晃動的次數。

當按鈕 A 被按下
變數 搖動數值 設為 0
顯示 數字 搖動數值

顯示數字歸 0。

Step 7 點按 ⊙SHAKE【SHAKE】。每點按一次，搖動數值 +1，檢查模擬器是否顯示 1、2、3、4 搖動的次數。

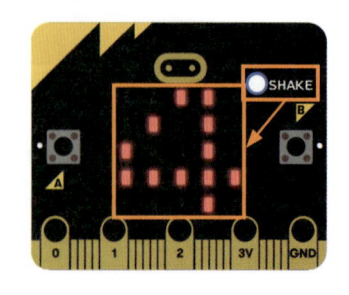

Micro:bit 一點通

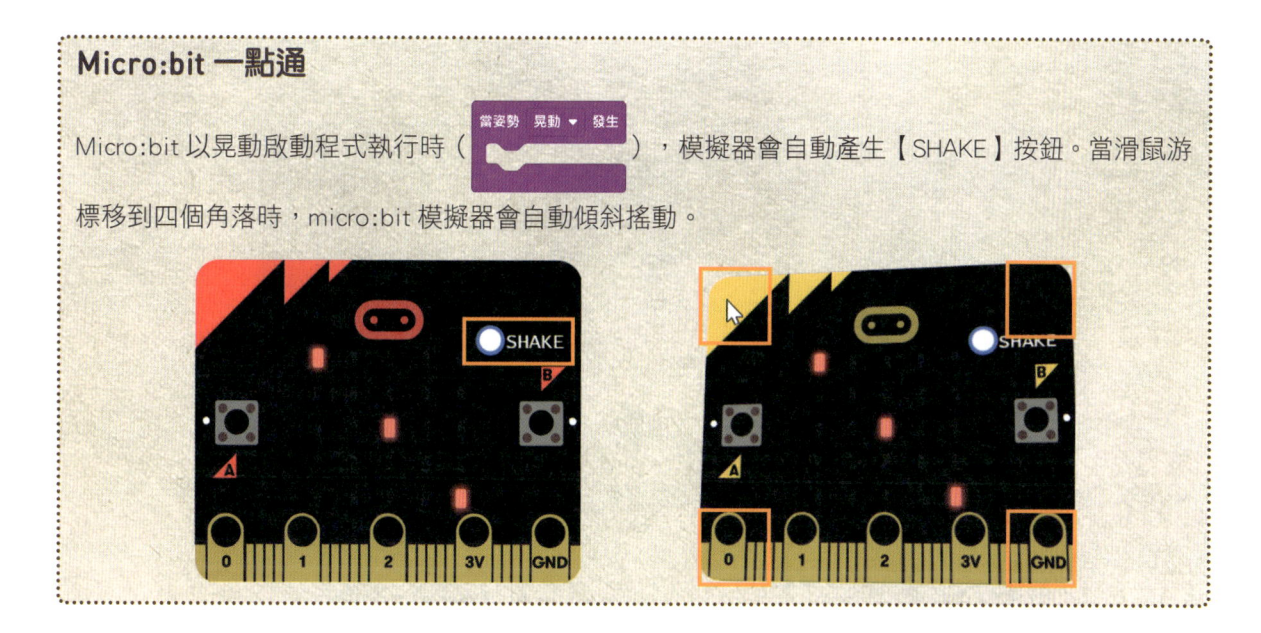

Micro:bit 以晃動啟動程式執行時（ 當姿勢 晃動 發生 ），模擬器會自動產生【SHAKE】按鈕。當滑鼠游標移到四個角落時，micro:bit 模擬器會自動傾斜搖動。

6-3　骰子比大小情境與流程規劃

　　本章以 micro:bit 的 LED 做為骰子的點數，設計骰子比大小遊戲。當搖動 micro:bit 隨機顯示 1～6 點，比一比誰的點數比較大。

一、骰子比大小情境解析

1. 建立一個變數，變數名稱「骰子」。
2. 當搖一搖 micro:bit 時，將變數「骰子」的值設定為 1～6 之間隨機取一個數。
3. 如果「骰子＝1」，LED 指示燈顯示 1 點的圖示。
4. 如果「骰子＝2」，LED 指示燈顯示 2 點的圖示。
5. 如果「骰子＝3」，LED 指示燈顯示 3 點的圖示。
6. 如果「骰子＝4」，LED 指示燈顯示 4 點的圖示。
7. 如果「骰子＝5」，LED 指示燈顯示 5 點的圖示。
8. 如果「骰子＝6」，LED 指示燈顯示 6 點的圖示。

二、骰子比大小執行流程

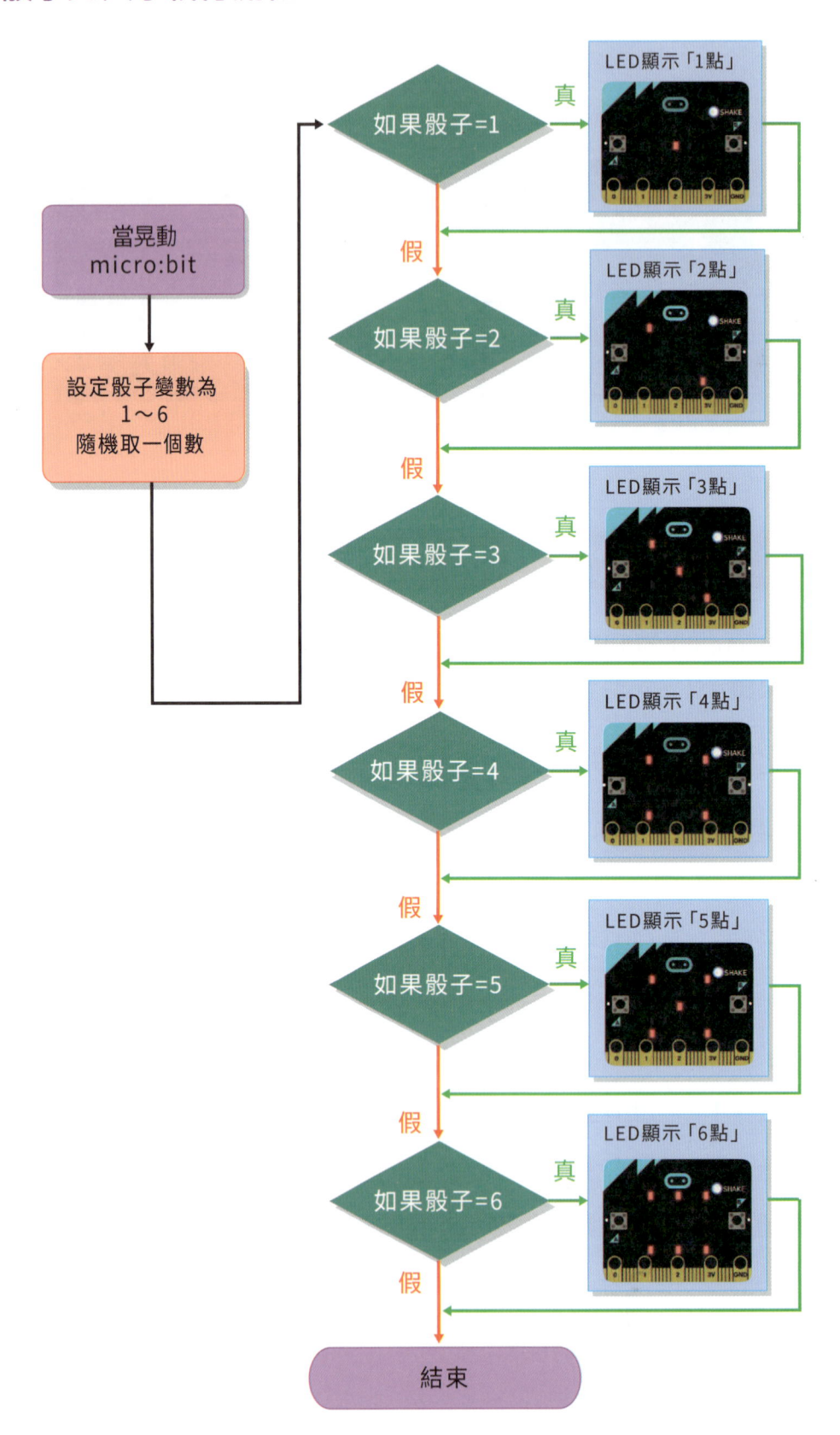

```
當晃動
micro:bit
   ↓
設定骰子變數為
1～6
隨機取一個數
   ↓
→ 如果骰子=1 ──真──→ LED顯示「1點」 ─┐
  │假                                  │
  ←──────────────────────────────────┘
   ↓
  如果骰子=2 ──真──→ LED顯示「2點」 ─┐
  │假                                  │
  ←──────────────────────────────────┘
   ↓
  如果骰子=3 ──真──→ LED顯示「3點」 ─┐
  │假                                  │
  ←──────────────────────────────────┘
   ↓
  如果骰子=4 ──真──→ LED顯示「4點」 ─┐
  │假                                  │
  ←──────────────────────────────────┘
   ↓
  如果骰子=5 ──真──→ LED顯示「5點」 ─┐
  │假                                  │
  ←──────────────────────────────────┘
   ↓
  如果骰子=6 ──真──→ LED顯示「6點」 ─┐
  │假                                  │
  ←──────────────────────────────────┘
   ↓
  結束
```

6-4　建立變數

建立一個變數，變數名稱「骰子」。將變數「骰子」的值設定為 1～6 之間隨機取一個數，再顯示「骰子」的點數。

程式設計運算思維

1. 搖晃 micro:bit 開始　　使用 `當姿勢 晃動▼ 發生`，搖晃 micro:bit 啟動程式執行。

2. 儲存骰子在 1～6 點之間變化的變化值　　使用 `建立一個變數`，建立一個變數「骰子」，儲存骰子點數的變化值。

3. 骰子在 1～6 點之間隨機取一個數　　利用 `數學` 的 `隨機取數 0 到 10`，在 `0` 到 `10` 之間隨機選一個數，將 `0` 改為 1，`10` 改為 6。

4. 1～6 隨機選中的數，變成骰子的點數　　`變數 骰子▼ 設為 0` 設定變數「骰子」的數值，再利用 `隨機取數 1 到 6` 在 1～6 之間隨機取數。

5. 顯示骰子的點數　　骰子的點數是數字，利用 `顯示 數字 0` 顯示數字，再利用 `骰子▼` 傳回骰子的值，顯示骰子數值。

動手實作

Step 1　點擊 `micro:bit` 或 `主頁`，回到 makecode 主頁。點選【新增專案】，輸入專案名稱「ch6」，再按【創建】。

Step 2　點按 `變數`，再按 `建立一個變數`，輸入新的變數名稱「骰子」，再按【確定】。

Step 3 點按 ⊙輸入 與 ≡變數，拖曳下圖積木，當晃動 micro:bit 時，設定變數骰子的值。

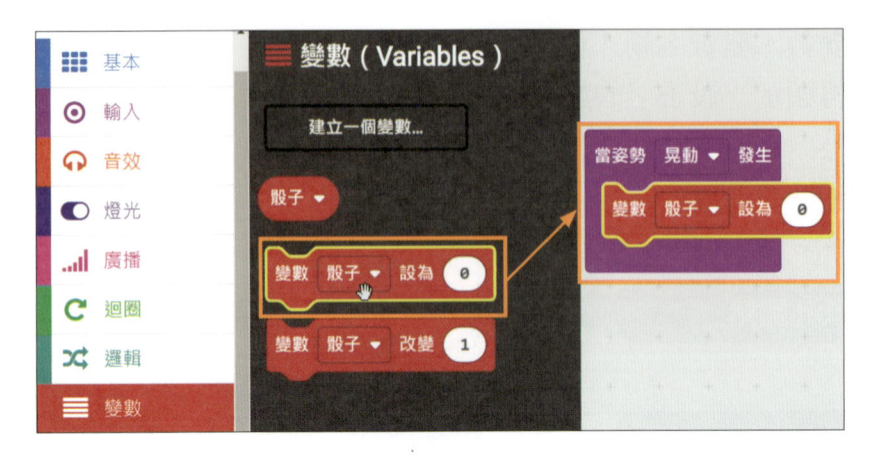

Step 4 點按 ▦數學，拖曳 隨機取數 0 到 10，輸入「1～6」，設定骰子在 1～6 之間隨機取數。

Step 5 點按 ▦基本 與 ≡變數，拖曳下圖積木，顯示骰子的數值。

Step 6 點按 ◯SHAKE【SHAKE】。

Step 7 檢查模擬器是否顯示 1～6 之間隨機一個數。

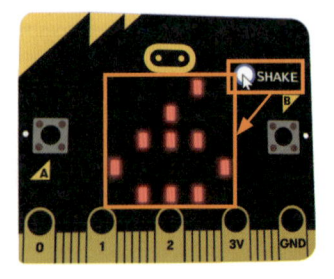

6-5 點亮骰子點數 LED

利用邏輯「如果—那麼」判斷骰子的點數。如果「骰子 = 1」，LED 指示燈顯示 1 點的圖示、如果「骰子 = 2」LED 指示燈顯示 2 點的圖示……以此類推，如果「骰子 = 6」LED 指示燈顯示 6 點的圖示。

程式設計運算思維

1. 判斷骰子選中的點數是 1～6 點

   1. 使用 [如果 true 那麼] 判斷「骰子」的點數是否為 1～6。
   2. 使用  邏輯 的 [0 = 0] 比較積木，判斷等號「左」是否與「右」相等。
   3. 利用 [骰子] 傳回骰子的值，判斷「骰子 = 1」～「骰子 = 6」。

2. 骰子選中點數之後，LED 指示燈示顯點數

   使用 [顯示 指示燈] 分別點亮 1～6 點。

動手實作

Step 1 點按  邏輯，拖曳 [如果 true 那麼] 與 [0 = 0]，輸入「1」。

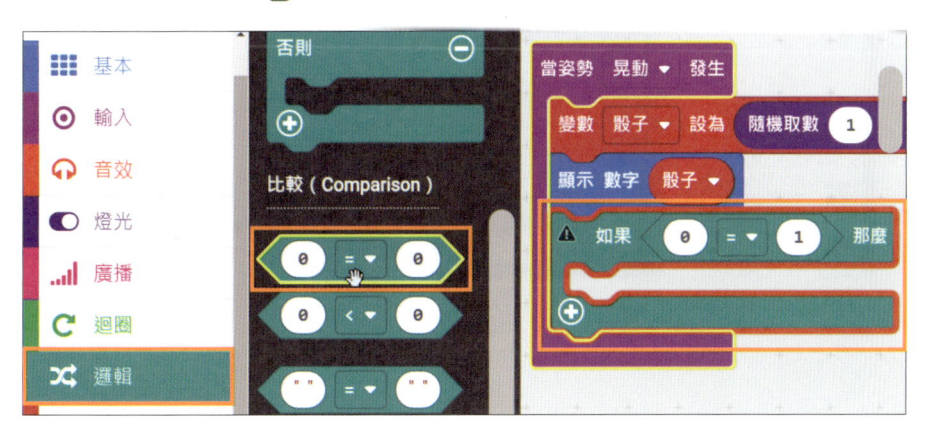

Micro:bit 一點通

makecode 編輯程式時，自動偵測錯誤，如果語法錯誤，會顯示「！」。當拖曳「骰子＝1」語法正確時，「！」會自動消失。

Step 2 點按 變數，拖曳 骰子 到「＝」左邊。

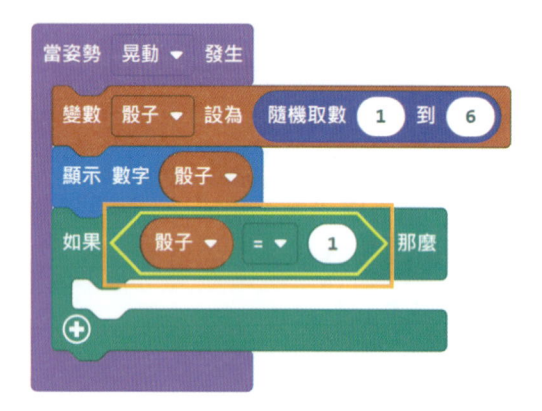

Step 3 點按 基本，拖曳 顯示 指示燈，並點亮「1」個 LED。

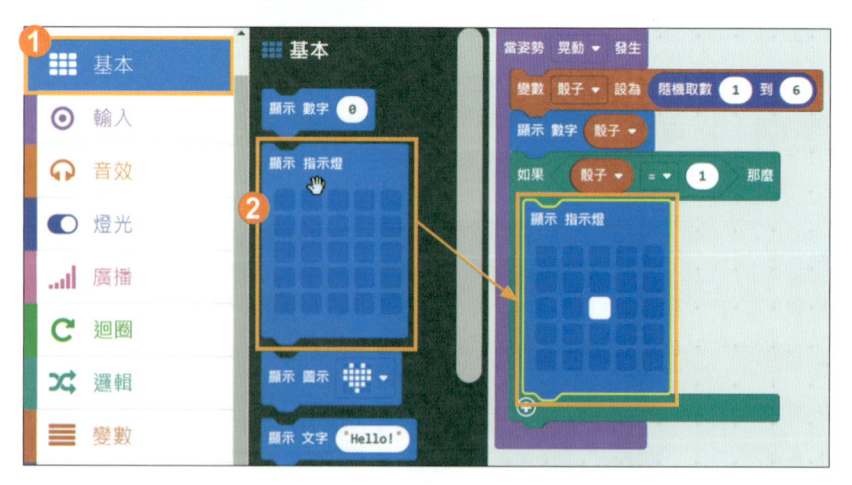

Step 4 在 `如果 骰子 = 1 那麼`，按右鍵【複製】，分別將「如果—那麼」的條件改成「骰子 = 2」～「骰子 = 6」，再將指示燈依照骰子點數設計 2～6 點。

Step 5 點按 ●SHAKE【SHAKE】，晃動 micro:bit，檢查模擬器是否隨機出現骰子的點數。

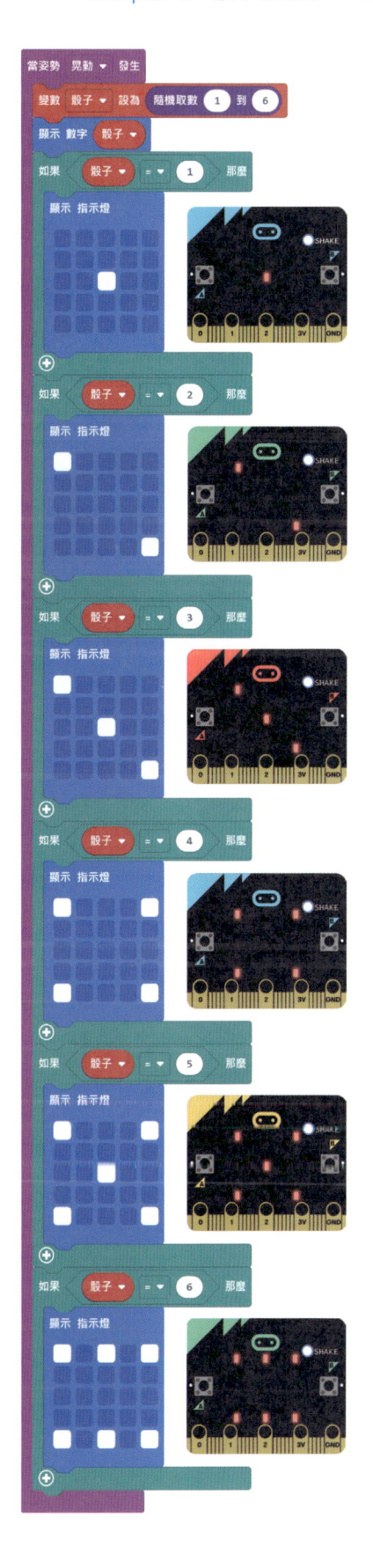

6-6　Micro:bit 骰子

Step 1 點擊 🖫【儲存】與 ⋯【Connected to micro:bit】，進行 micro:bit 裝置配對。

Step 2 點擊 ⌁下載，下載程式到 micro:bit，晃動 micro:bit，檢查 micro:bit 是否顯示骰子的點數值與點數 LED。

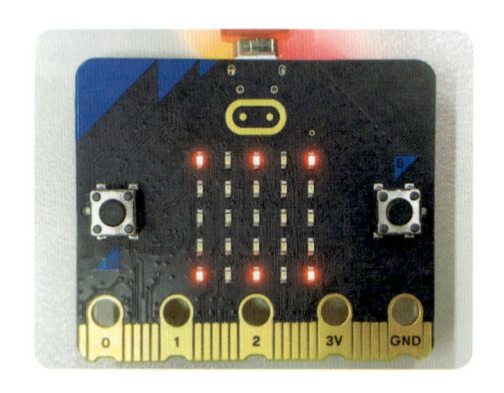

實力評量

選擇題

(   ) 1. 當我們搖一搖 micro:bit，它能夠偵測搖動方向是上下、左右或前後，是因為內建哪一種感測器？
(A) 指南針　(B) 羅盤　(C) 磁力感測器　(D) 加速度感測器。

(   ) 2. 程式在執行時一直變動的數，例如溫度或時間等，稱為下列何者？
(A) 數字　(B) 文字　(C) 變數　(D) 常數。

(   ) 3. Micro:bit 內建的加速度感測器在右圖一中的哪一個位置？
(A) A　(B) B　(C) C　(D) D。

(   ) 4. 如果想要設定變數值固定為 1，應使用下列哪一個積木？
(A) 變數 搖動數值 設為 1
(B) 搖動數值
(C) 變數 搖動數值 改變 1
(D) 隨機取數 0 到 10 。

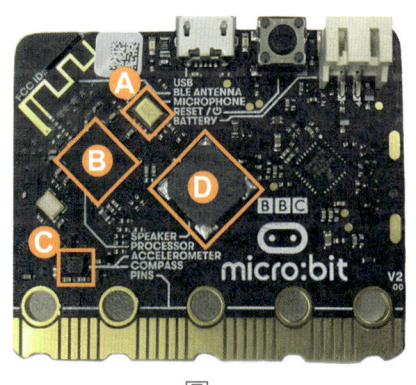

圖一

(   ) 5. 變數 骰子 設為 隨機取數 1 到 6　下列哪一個是左圖骰子<u>不可能</u>出現的值？
(A) 0　(B) 6　(C) 1　(D) 5。

(   ) 6. 如右圖二，想要晃動 micro:bit 產生骰子點數，應該點按模擬器的哪一個按鈕？
(A) A　(B) B　(C) C　(D) D。

圖二

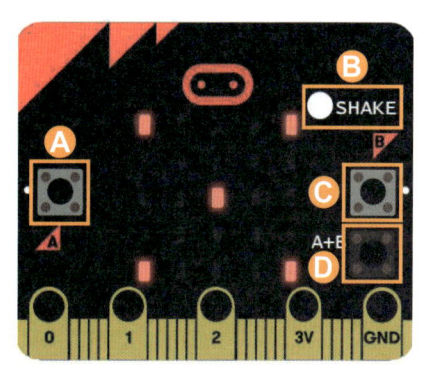

(　　) 7. 如右圖三，程式骰子執行結果為何？
(A) 顯示 1，1，1，1
(B) 顯示 1，2，3，4
(C) 顯示 4
(D) 以上皆非。

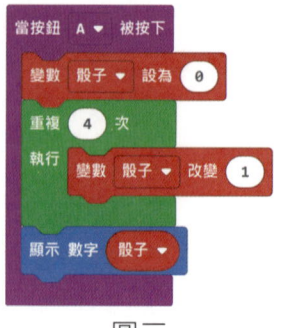

圖三

(　　) 8. 如右圖四，程式骰子執行結果為何？
(A) 顯示 1，1，1，1
(B) 顯示 1，2，3，4
(C) 顯示 2，3，4，5
(D) 顯示 0，1，2，3。

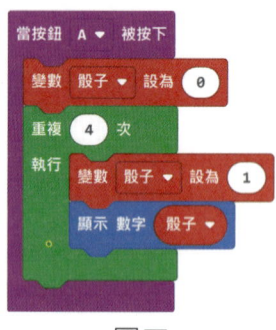

圖四

(　　) 9. 如右圖五，程式積木類別的敘述錯誤？
(A) 晃動 micro:bit 屬於 輸入
(B) 骰子屬於 變數
(C) 1～6 隨機取數屬於 數學
(D) 如果─那麼屬於 迴圈 。

圖五

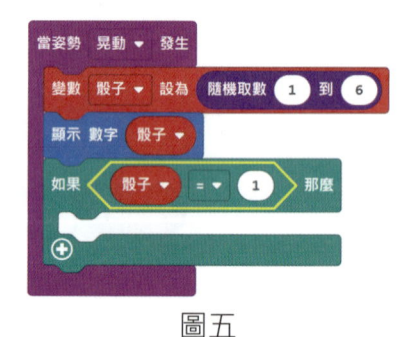

(　　) 10.如右圖六，按下按鈕【A】之後晃動 5 次，搖動數值為何？
(A) 0
(B) 1
(C) 5
(D) –5。

圖六

實作題

1. 請利用變數，設計晃動 micro:bit 產生 1～10 的奇數：1，3，5，7，9。

2. **題目名稱**：骰子比大小

   題目說明：請設計 2 數比大小程式，先建立兩個變數，將變數值設定為 0～9 之間隨機取一個數、顯示變數數字，再利用「如果—那麼」判斷，「如果第 1 個數大於第 2 個數，那麼顯示文字 1 > 2」。

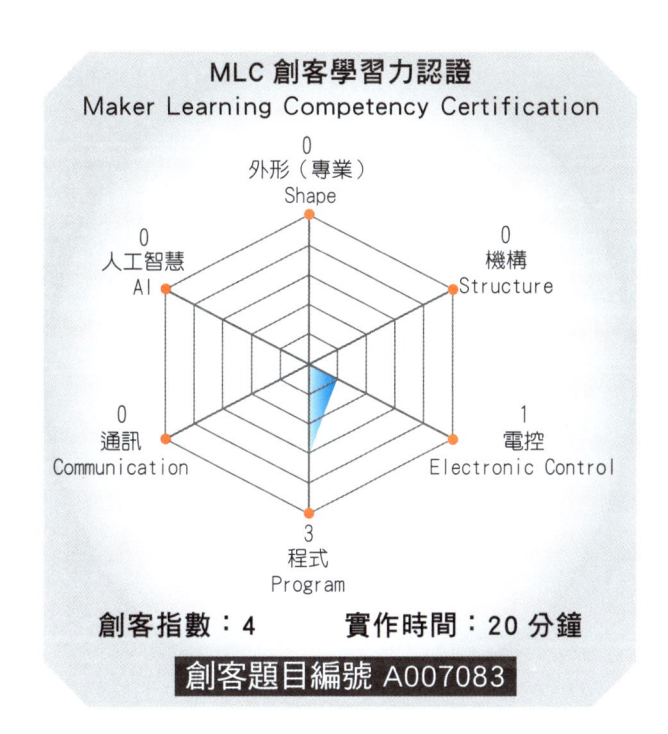

Chapter 7
夜行感光燈

如果想讓 micro:bit 的 LED，隨著天色變化，天愈黑 LED 愈亮，天愈亮 LED 愈暗，應該如何設計？本章將以 micro:bit 的光線感測器，偵測目前光線，光線值愈強，LED 亮度愈暗、亮燈愈少；光線值愈弱，LED 亮度愈亮、亮燈愈多。

學習目標
1. 理解 micro:bit 光線感測器原理。
2. 能夠應用光線控制 LED 亮度。
3. 能夠理解 LED 與坐標。
4. 能夠應用坐標控制 LED 個別開關。

Micro:bit 元件規劃表

Micro:bit 光線感測器　　Micro USB 連接線 　　電池盒與 2 個 AAA 電池（3V）

完成作品

模擬器　　　　　　　　　　　　　實體

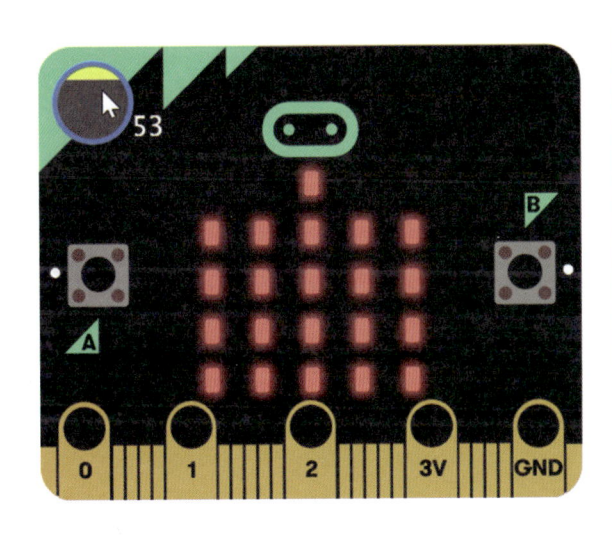

```
重複無限次
    燈光 亮度設為  255  - ▼  光線感測值
    點亮長條圖 顯示值為  255  - ▼  光線感測值
    最大值為  255
```

7-1　Micro:bit 基本元件—光線感測器

本章將使用 micro:bit 主板上的光線感測器與 LED，以光線感測器偵測目前光線值，光線值愈強，LED 亮度愈暗、亮燈愈少；光線值愈弱，LED 亮度愈亮、亮燈愈多。

一、光線感測器

Micro:bit 利用 LED 偵測環境的光線值。

LED 偵測周圍環境光線值

二、光線感測器積木

光線感測器偵測的光線值利用輸入 [輸入] 積木傳到 micro:bit。

功能	積木	說明
傳回光線值	光線感測值	傳回 micro:bit LED 周圍環境的光線值，光線值範圍從 0（最暗）～255（最亮）。

小試身手 1　調整光線

◎範例：microbit-ch7-1

請利用模擬器的光線感測器調整光線值，並在 LED 顯示目前光線值。

Step 1 開啟瀏覽器，輸入網址 https://makecode.microbit.org/。

Step 2 點選【新增專案】，輸入專案名稱「ch7-1」，再按【創建】。

Step 3 點按 [輸入] 與 [基本] 拖曳右圖積木，重複偵測並顯示光線值。

Step 4 按住拖移模擬器上的光線值，檢查模擬器是否重複顯示光線值跑馬燈。

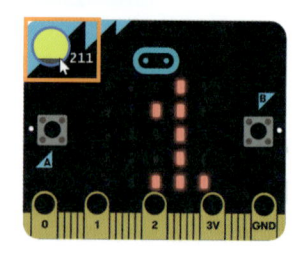

7-2　坐標與燈光

　　Micro:bit 總共有 5×5，共 25 顆 LED，每顆 LED 都有一個固定的坐標（x,y），如果要讓點亮個別的 LED，需要利用坐標表示。

> **Micro:bit 一點通**
>
> 將滑鼠游標放在 micro:bit 模擬器的 LED，不按任何鍵，micro:bit 自動顯示 LED 坐標。

一、坐標

　　Micro:bit 在 `燈光` 積木中，使用 `點亮 x 0 y 0 亮度 255` 點亮 x、y 坐標的 LED，其中坐標 x 代表橫軸，從左而右分別為 0、1、2、3、4；y 代表縱軸，從上而下分別為 0、1、2、3、4。每顆 LED 的坐標如下圖所示：

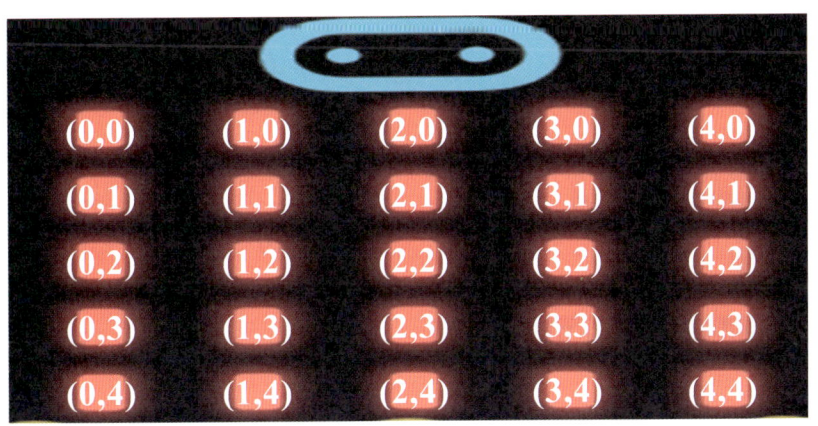

二、燈光

Micro:bit 的 [燈光] 積木中 x、y 坐標位置的 LED 開、關或點亮狀態的功能如下：

功能	積木	說明
開	1. 點亮 x 0 y 0 2. 點亮 x 0 y 0 亮度 255	1. 點亮 LED 螢幕上特定 x、y 坐標的 LED。 2. 點亮 LED 螢幕上特定 x、y 坐標的 LED 並設定亮度，亮度範圍從 0～255。
關	1. 不點亮 x 0 y 0 2. 停止動畫	1. 關閉 LED 螢幕上特定 x、y 坐標的 LED。 2. 停止播放全部動畫。
開關切換	點的狀態切換 x 0 y 0	切換 LED 螢幕上特定 x、y 坐標的 LED。 如果是開就切換為關；如果是關就切換為開。
判斷開或關	點的狀態 x 0 y 0	判斷 LED 螢幕上特定 x、y 坐標 LED 的開關狀態。 傳回布林值：「true」（真）點亮。 　　　　　「false」（假）未點亮。
長條點亮	點亮長條圖 顯示值為 0 最大值為 0	在 LED 螢幕上依據設定的顯示值顯示長條圖。最大值為長條圖能顯示的最大數值。
啟動或關閉	啟用設為 false	啟動或關閉 LED 螢幕。 「true」（真）：點亮 LED 螢幕。 「false」（假）：關閉 LED 螢幕。
亮度	1. 燈光 亮度設為 255 2. 亮度 3. point x 0 y 0 brightness	1. 設定 LED 亮度，範圍從 0（不亮）～255（全亮）。 2. 傳回目前 LED 的亮度。 3. 傳回特定 x、y 坐標 LED 的亮度。

小試身手 2　Micro:bit 小星星

◎ 範例：microbit-ch7-2

請設計隨機點亮 micro:bit 的 LED 並關閉 LED，像星星一樣閃爍。

Step 1　點擊 micro:bit 或 主頁，回到 makecode 主頁。點選【新增專案】，輸入專案名稱「ch7-2」，再按【創建】。

Step 2　點按 變數，再按 建立一個變數，輸入新的變數名稱「x」，再按【確定】，再建立一個變數「y」。

Step 3　點按 變數 與 數學 的 隨機取數 0 到 10，將變數 x 與 y 設定為 0～4 隨機取數。

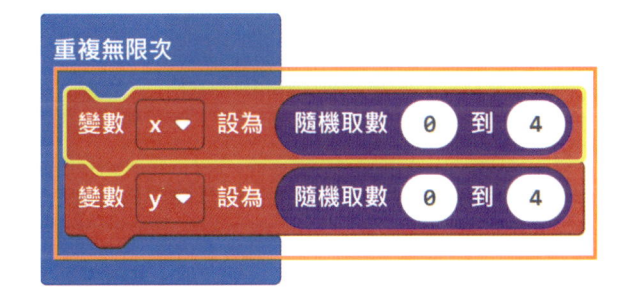

Step 4　點按 燈光，拖曳 點亮 x 0 y 0 與 不點亮 x 0 y 0，先點亮特定坐標 LED 再關閉 LED。

Step 5　點按 變數，拖曳 x 與 y 到點亮與不點亮的 x、y 坐標。x 與 y 在 0～4 之間隨機點亮一顆 LED，再關閉。

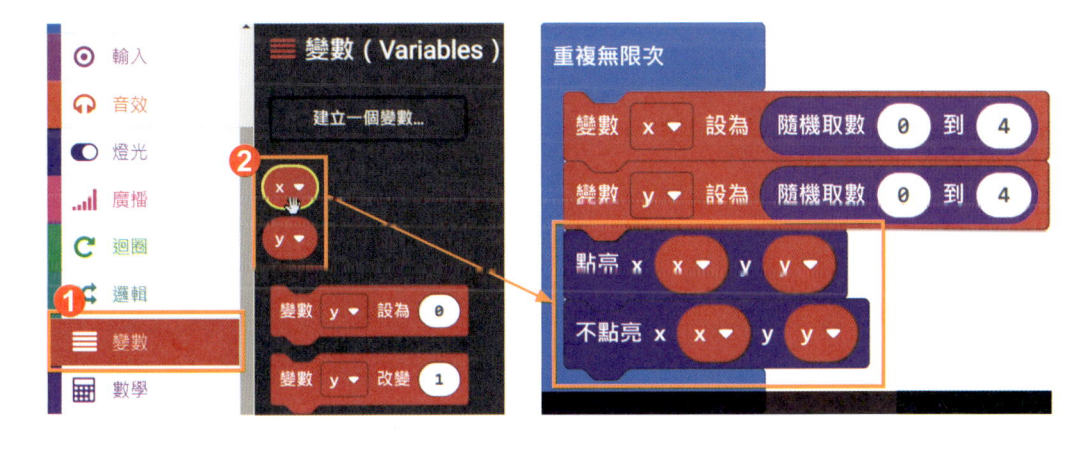

Step 6 點按 基本 ，拖曳 暫停 100 毫秒 。點亮 100 毫秒（0.1 秒）之後再關閉 LED。

Step 7 檢查 micro:bit 是否隨機點亮一顆 LED，0.1 秒之後再關閉。

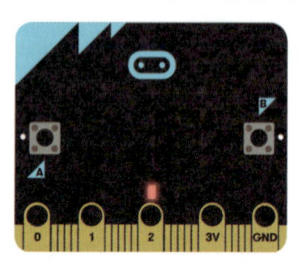

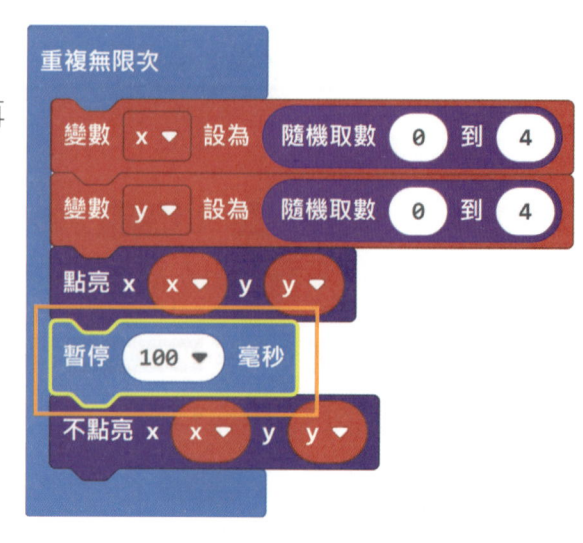

小試身手 3　Micro:bit 閃爍小星星
◎ 範例：microbit-ch7-3

請設計隨機點亮 micro:bit 的 LED，同時 LED 的亮度隨機，再關閉 LED，像星星一樣閃爍。

Step 1 續接「小試身手 2」，點按 燈光 ，拖曳 燈光 亮度設為 255 ，再按 數學 的 隨機取數 0 到 10 ，將點亮的 LED 亮度設為 0～255 之間隨機取數。

Step 2 將 暫停 100 毫秒 改為「1000」毫秒（1 秒）。

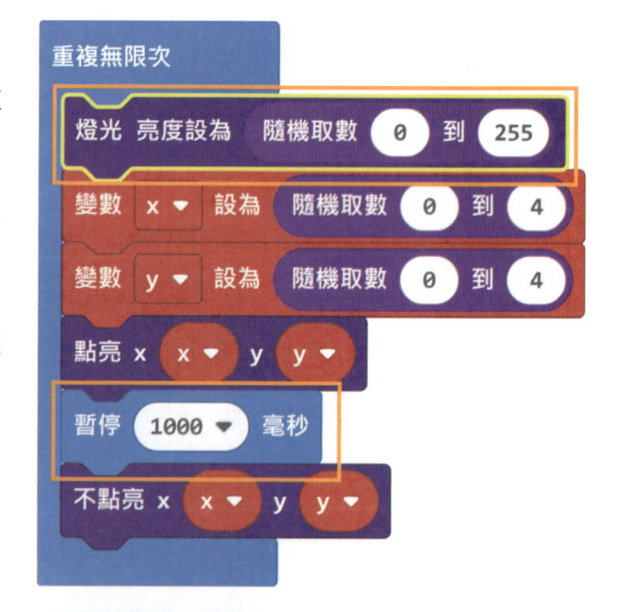

Step 3 檢查 micro:bit 隨機點亮不同亮度的 LED。

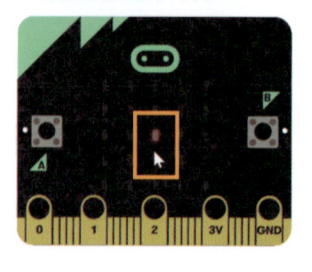

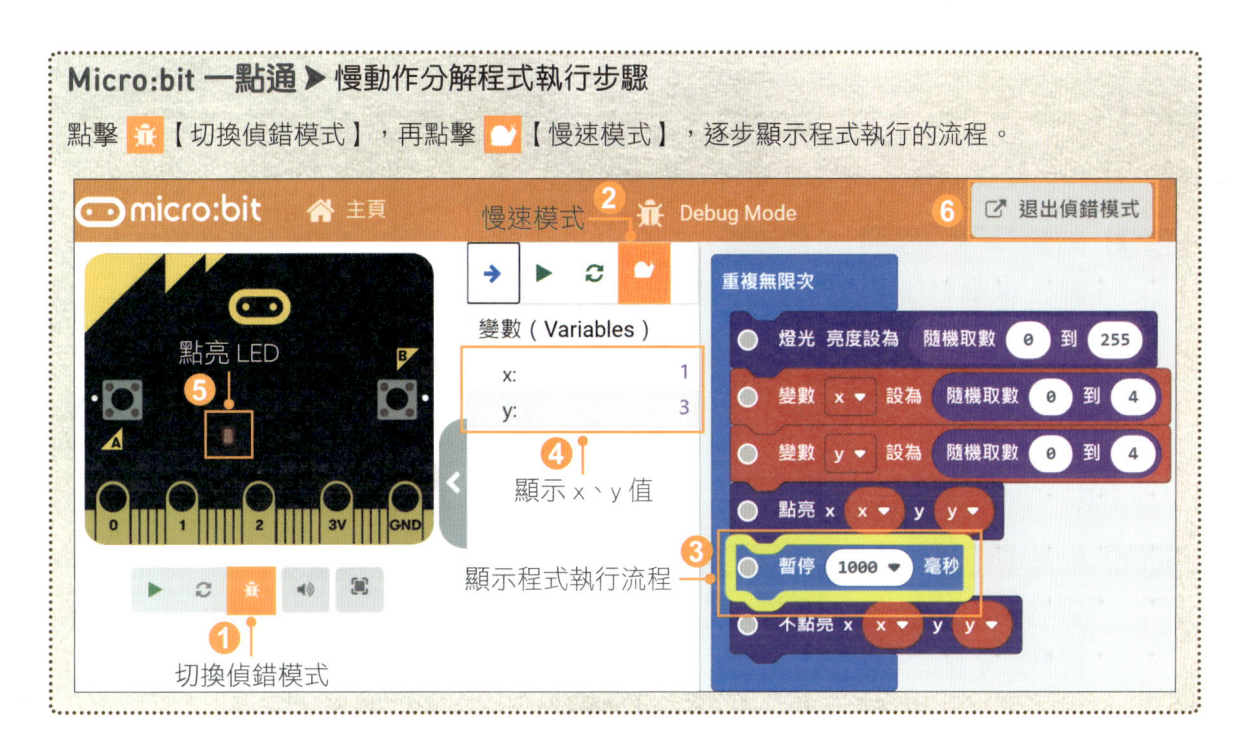

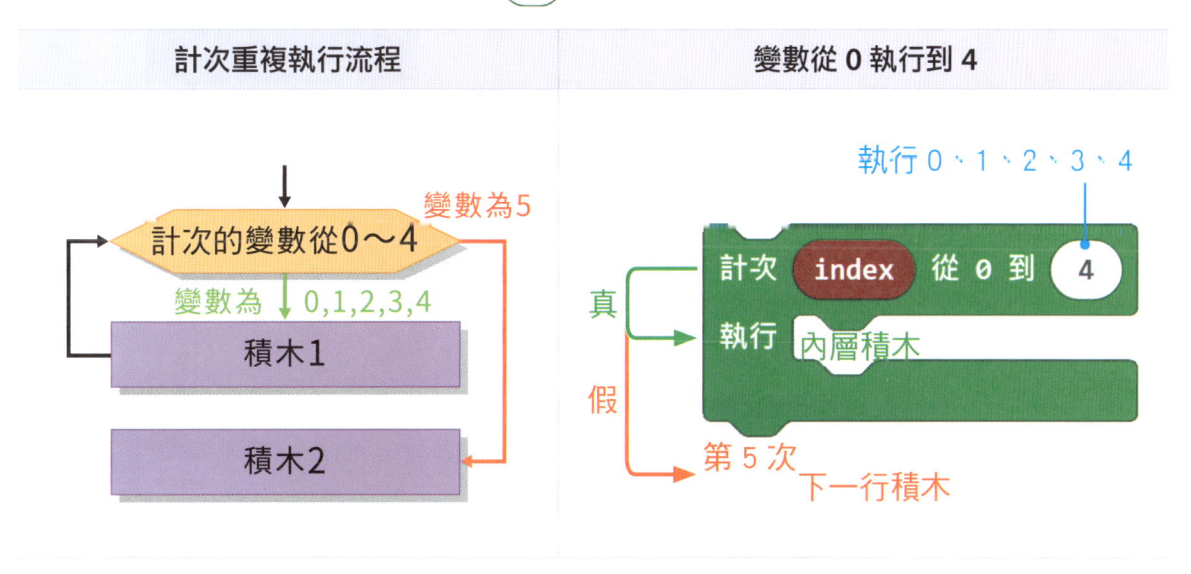

Chapter 7　夜行感光燈　121

Micro:bit 一點通 ▶ 慢動作分解程式執行步驟

點擊 【切換偵錯模式】，再點擊 【慢速模式】，逐步顯示程式執行的流程。

- ① 切換偵錯模式
- ② 慢速模式
- ③ 顯示程式執行流程
- ④ 顯示 x、y 值
- ⑤ 點亮 LED
- ⑥ 退出偵錯模式

7-3　迴圈─計數重複執行

在 迴圈 積木中，「計次重複執行」積木依據變數（index）的條件從 0 開始執行，每次執行完自動加 1，直到 4 為止。

計次重複執行流程

- 計次的變數從 0～4
- 變數為 0,1,2,3,4 → 積木1
- 變數為 5 → 積木2

變數從 0 執行到 4

計次 index 從 0 到 4
執行 內層積木

- 執行 0、1、2、3、4
- 真：內層積木
- 假：第 5 次，下一行積木

小試身手 4　縱向點亮每一盞燈

◎ 範例：microbit-ch7-4

請利用計次重複執行，縱向點亮每一顆 LED。

Step 1　點擊 ⊙micro:bit 或 🏠主頁，回到 makecode 主頁。點選【新增專案】，輸入專案名稱「ch7-4」，再按【創建】。

Step 2　點按 ⊙輸入 與 ⊞基本 拖曳右圖積木，按下按鈕【A】，關閉所有 LED。

Step 3　點按 ≡變數，再按 建立一個變數，輸入新的變數名稱「x」，再按【確定】，再建立一個變數「y」。

Step 4　點按 C迴圈，拖曳 2 個。

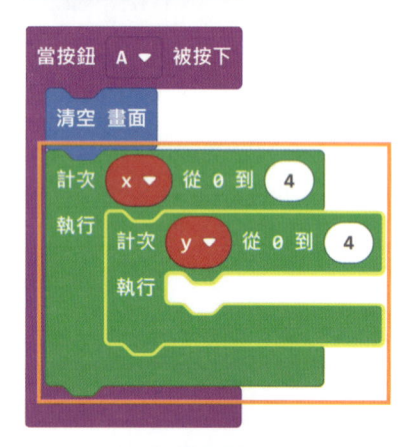

Step 5　點按 ≡變數，拖曳 x 與 y 到「index」的位置。將 x、y 變數值從第 1 個 (0,0) 坐標的 LED 開始點亮。同時 x 與 y 值執行 0、1、2、3、4。

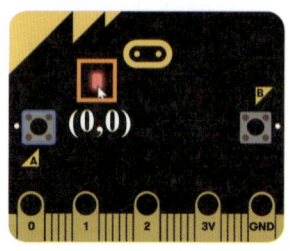

Step 6　拖曳右圖積木，每隔 0.1 秒，點亮 1 顆 LED。

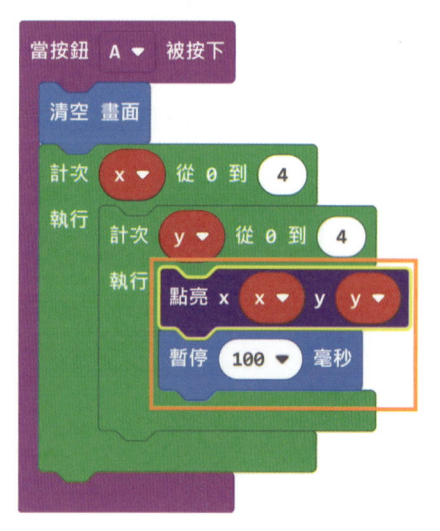

Step 7　按下按鈕【A】，檢查是否由上往下、由左往右，點亮每一顆 LED。

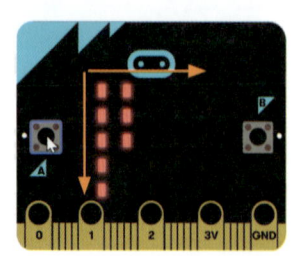

Chapter 7　夜行感光燈　123

Micro:bit 一點通 ▶ x 與 y 的 2 個迴圈執行流程

點擊 【切換偵錯模式】，再點擊 【慢速模式】，逐步顯示 x=0，y 從 0～4 的執行流程。

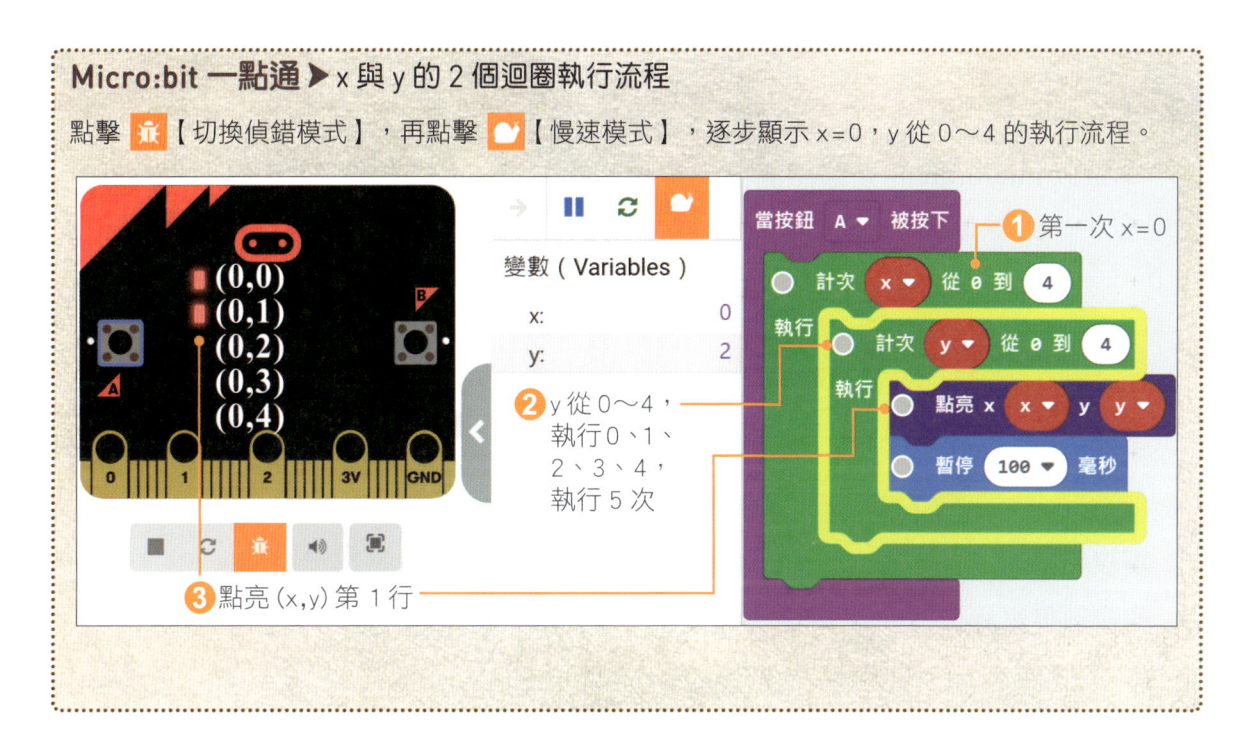

❶ 第一次 x=0

❷ y 從 0～4，執行 0、1、2、3、4，執行 5 次

❸ 點亮 (x,y) 第 1 行

小試身手 5　橫向點亮每一盞燈

◉ 範例：microbit-ch7-5

請利用計次重複執行，橫向點亮每一顆 LED。

Step 1 將「小試身手 4」程式的迴圈 x 與 y 互換，如下圖。檢查是否橫向點亮每一顆 LED。

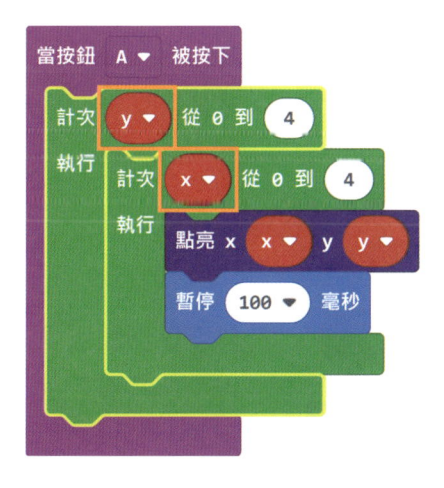

7-4　夜行感光燈情境與流程規劃

本章以 micro:bit 的光線感測器，偵測目前光線，光線值愈強，LED 亮度愈暗、亮燈愈少；光線值愈弱，LED 亮度愈亮、亮燈愈多。夜行感光燈情境與執行流程如下。

腳本規劃	執行流程
1. 重複無限次。 2. 偵測環境光線值。 3. 設定 LED 亮度及亮燈數與光線值相反，光線值最大值為 255。	開始執行 → 重複無限次 → 偵測環境光線值 → 設定LED亮度與光線值相反 設定LED亮燈數與光線值相反

7-5　光線控制 LED 亮度

光線值愈強，LED 亮度愈暗；光線值愈弱，LED 亮度愈亮。

程式設計運算思維

1. 光線一直變化，micro:bit 需要重複偵測光線 → 使用 `重複無限次`，重複執行無限次。

2. 偵測環境光線 → 使用積木 `光線感測值`，傳回 LED 周圍環境的光線值。

3. 設定 LED 亮度 → 使用 `燈光 亮度設為 255` 設定亮度。

4. 光線值愈強，LED 亮度愈暗；光線值愈弱，LED 亮度愈亮 → LED 最大亮度 255，同時亮度與光線值相反，利用 `255 - 光線感測值` 控制 LED 亮度。

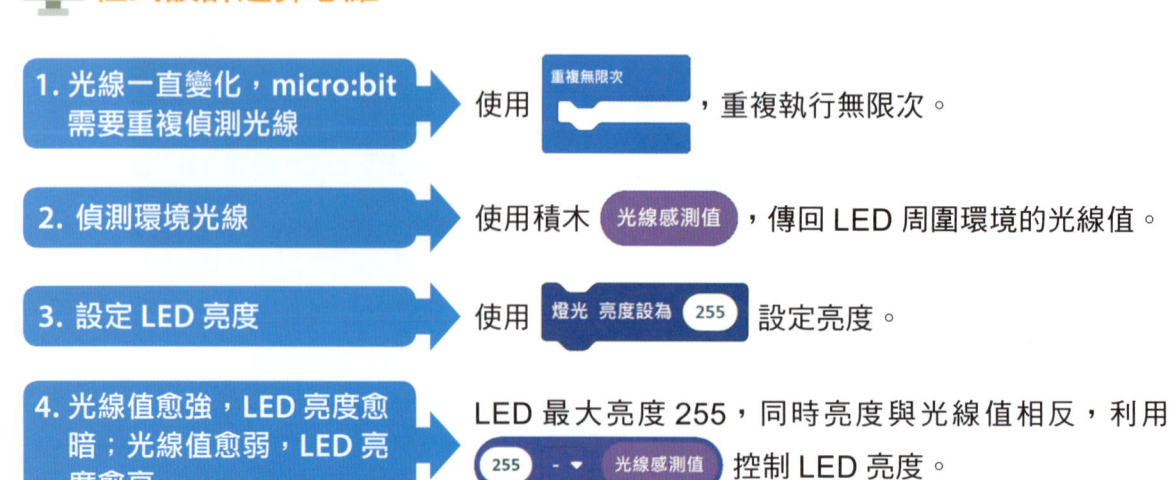

動手實作

Step 1 點擊 ⬭micro:bit 或 🏠主頁，回到 makecode 主頁。點選【新增專案】，輸入專案名稱「ch7」，再按【創建】。

Step 2 點按 ▦基本 與 ⭕燈光，拖曳右圖積木，micro:bit 重複設定 LED 亮度。

Step 3 點按 ▦數學 與 ⭕輸入，拖曳右圖積木，當光線值愈大，亮度愈小、光線值愈小、亮度愈大。

Micro:bit 一點通

當光線感測值＝ 255 時，LED 燈光亮度為 0（最暗）；
當光線感測值＝ 0 時，LED 燈光亮度為 255（最亮）。

7-6　光線控制 LED 亮燈數量

光線值愈強，LED 亮燈愈少；光線值愈弱，LED 亮燈愈多。

程式設計運算思維

1. LED 亮燈數量 ➡ 使用 [點亮長條圖 顯示值為 0 最大值為 0] 點亮 LED 長條圖，顯示值愈大，LED 亮燈數量愈多。

2. 光線值愈強，LED 亮燈愈少；光線值愈弱，LED 亮燈愈多 ➡ 光線值最大為 255，同時亮度數量與光線值相反，利用 [255 - 光線感測值] 控制 LED 亮燈的數量。

動手實作

Step 1 點按 ◉燈光、▦數學 與 ◉輸入，拖曳右圖積木，讓 LED 亮燈數與光線值相反，並將最大值設定為 255。

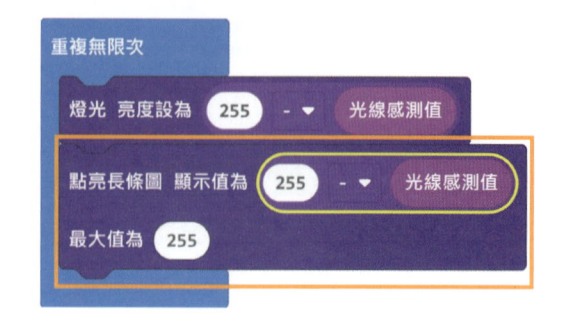

Step 2 按住拖移模擬器上的光線值，檢查模擬器 LED 亮度與亮燈數是否與光線值相反。

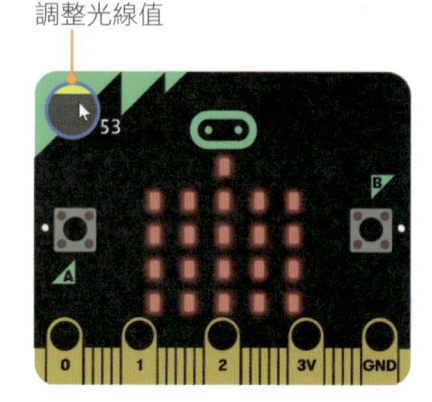

調整光線值

7-7　Micro:bit 夜行感光燈

Step 1 點擊 💾【儲存】與 ⋯【Connected to micro:bit】，進行 micro:bit 裝置配對。

Step 2 點擊 ⤓下載，下載程式到 micro:bit。將 micro:bit 放在黑暗處，檢查 LED 是否全亮，並且亮度最亮；將 micro:bit 放在明亮處，檢查 LED 是否不亮。

實力評量

選擇題

(　　) 1. 下列哪一個模擬器用來模擬光線感測器？

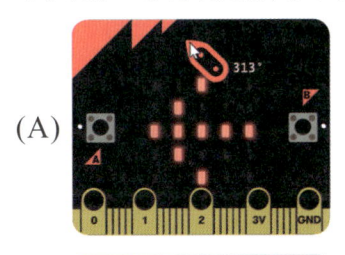

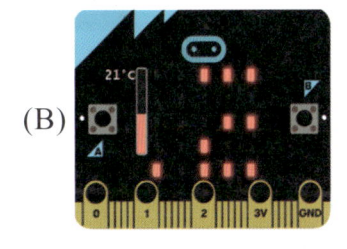

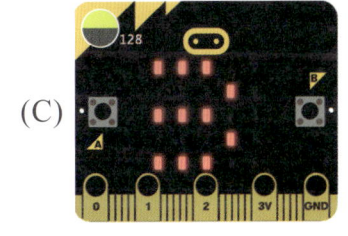

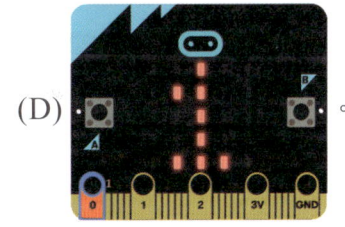

  (A)　　(B)　　(C)　　(D)

(　　) 2. 如右圖一，程式執行結果為何？
  (A) 隨機點亮 LED
  (B) 點亮 (2,2) 坐標 LED，亮度隨機
  (C) 點亮 x,y 各 2 個 LED
  (D) 設定 LED 亮度為 2。

圖一

(　　) 3. 如果想要設計 LED 顯示長條圖，應使用下列哪一個積木？
  (A)　　(B)　　(C)　　(D)

(　　) 4. 下列關於點亮坐標 (3,2) 的 LED 敘述，何者正確？
  (A) 3 代表 y 坐標　　(B) 2 代表 x 坐標
  (C) 3 代表橫軸　　(D) 坐標從 0 開始。

(　　) 5. 下列關於　積木的敘述何者有誤？
  (A) 從 0 開始執行　　(B) 每次執行完自動加 1
  (C) index 執行 4 次　　(D) 執行到 4 結束。

(　　) 6. 如右圖二,點亮 LED 的方向為何?

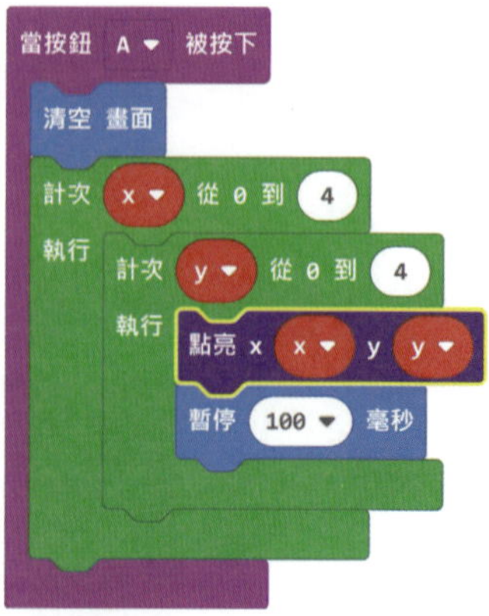

(A) 垂直縱向點亮

(B) 水平橫向點亮

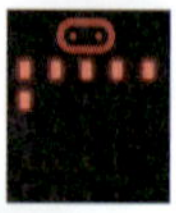

(C) 隨機點亮

(D) 以上皆是。

圖二

(　　) 7. 如右圖三,點亮 LED 的方向為何?

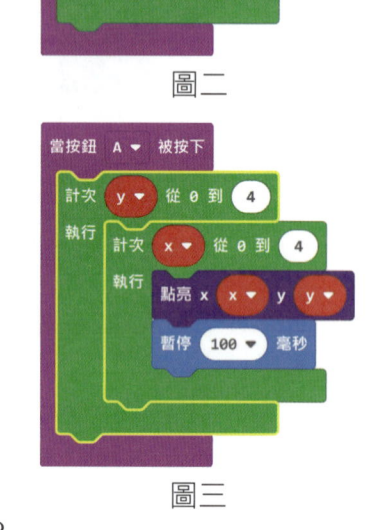

(A) 垂直縱向點亮

(B) 水平橫向點亮

(C) 隨機點亮
(D) 以上皆是。

圖三

(　　) 8. 如果想關閉 LED,應使用下列哪一個積木?

(A) 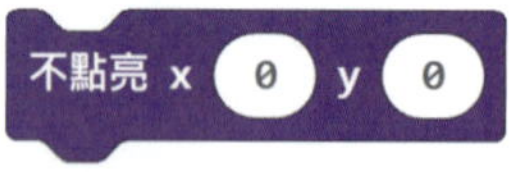 不點亮 x 0 y 0　　(B)  停止動畫

(C)  點的狀態切換 x 0 y 0　　(D) 以上皆可。

(　　) 9. 如右圖四,光線值與 LED 亮度的敘述何者正確?
(A) 光線值愈強,LED 亮度愈亮
(B) LED 亮度不受光線值影響
(C) 光線值愈強,LED 亮燈數量愈多
(D) 光線值愈強,LED 亮度愈弱。

圖四

(　　) 10. 如果想切換 LED 開關,將點亮切換不亮,應該使用下列哪一個積木?

(A)  亮度　　(B) 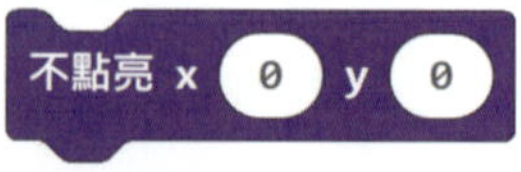 不點亮 x 0 y 0

(C)  點的狀態切換 x 0 y 0　　(D)  停止動畫 。

實作題

1. 請設計聲控 LED 燈，隨機點亮 x，y 坐標的 LED，再將 LED 的亮度設定為麥克風的音量值。當音量愈大聲，LED 亮度愈亮。

2. **題目名稱**：聲控 LED 燈

   題目說明：請將「小試身手 4」點亮每一盞燈的程式，改成九九乘法的計算，其中從 0×0＝0，1×1＝1…一直到 9×9＝81，顯示每一個數、乘號、等號及結果。

   操作提示 乘號及等號屬於文字，而計算結果屬於數字。

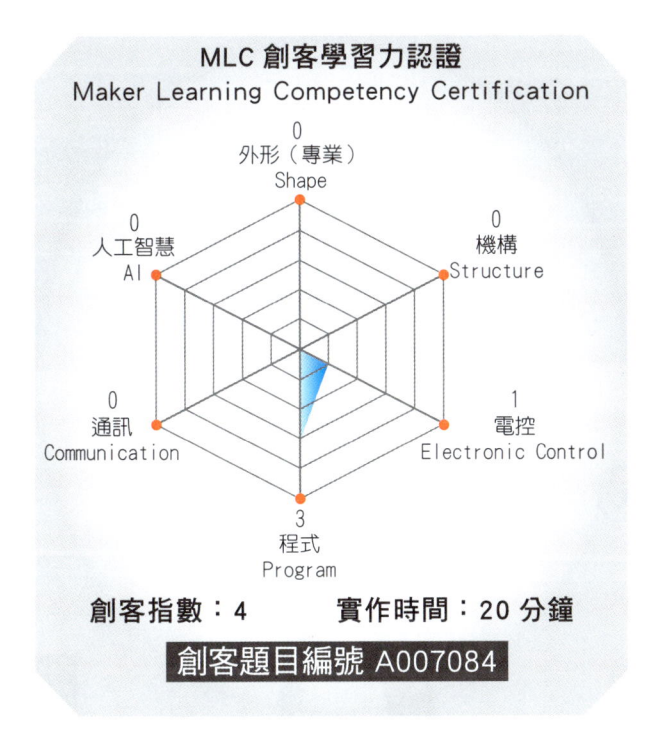

Chapter 8
地震警示器

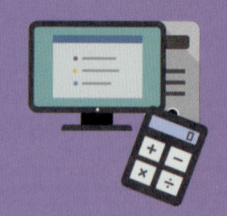

　　地球有許多地震帶，經常發生地震，臺灣也位處地震帶。地震發生時短短幾秒的搖晃常常令人膽顫心驚，本章將設計地震警示器，偵測地震時發出警示聲。

學習目標
1. 理解加速度感測器功能。
2. 能夠理解迴圈的判斷條件及執行方式。
3. 能夠應用迴圈設計警示圖及警示聲。
4. 能夠理解數學運算原理。
5. 能夠整合加速度感測器與喇叭及 LED 在生活中的問題解決。

Micro:bit 元件規劃表

- micro:bit 喇叭與加速度感測器 
- Micro USB 連接線 
- 電池盒與 2 個 AAA 電池（3V） 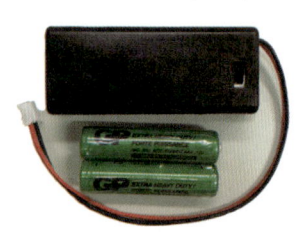
- 耳機 
- 鱷魚夾 2 個 
- 蜂鳴器

完成作品

模擬器　　　　　　　　　　　　　　實體

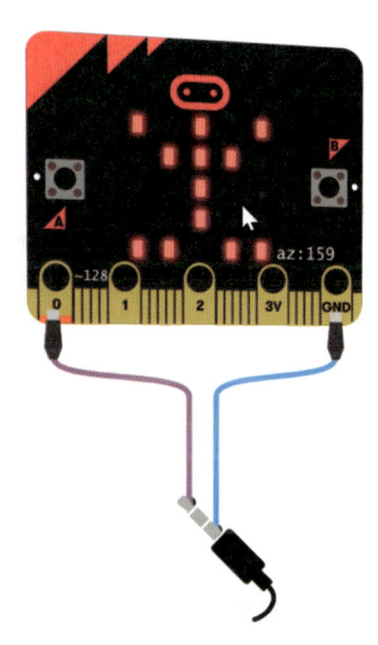

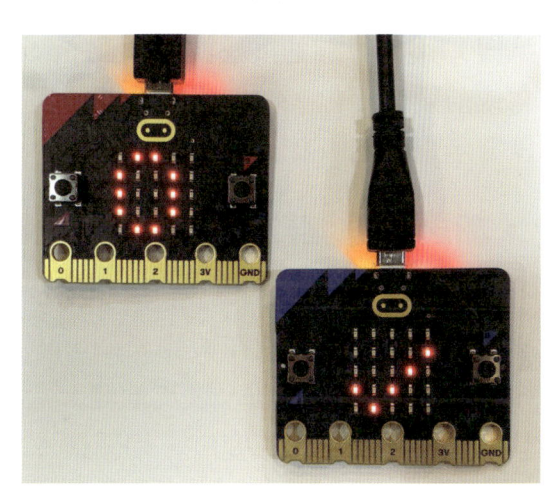

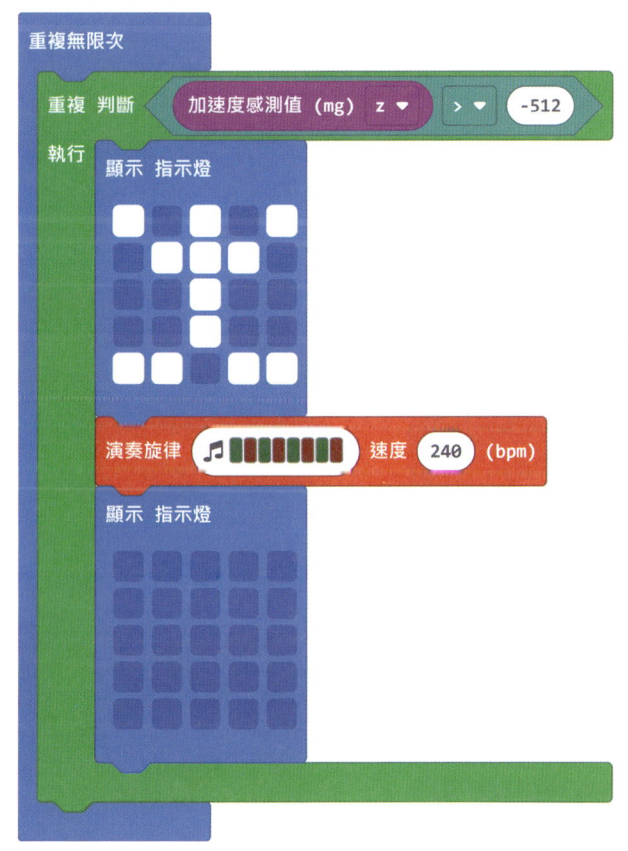

8-1　Micro:bit 基本元件 - 加速度感測器二

本章將使用 micro:bit 主板上的加速度感測器、喇叭與 LED，以加速度感測器偵測 micro:bit 的上下、左右或前後的變化。當加速度感測值變化時，以 LED 閃爍警示燈、喇叭發出警示聲。

一、加速度感測器積木

micro:bit 內建加速度感測器（Accelerometer），加速度感測器主要功能在偵測 micro:bit 上下、左右、前後或自由落體等晃動，以及偵測 x，y，z 三個維度中其中一個維度的加速度值。相關積木功能如下：

加速度感測器　喇叭

功能	積木	說明
傳回加速度值	加速度感測值（mg）x	傳回 micro:bit 加速度感測器左右、前進或上下方向的加速度感測值，感測值範圍從 -1023 ～ 1023。 mg：加速度單位。 x：傳回 micro:bit 左右方向的加速度感測值。 y：傳回 micro:bit 前後方向的加速度感測值。 z：傳回 micro:bit 上下方向的加速度感測值。
判斷	姿勢為 晃動 ?（晃動、下側偏低、上側偏低、正面朝上、背面朝上、左側偏低、右側偏低、自由掉落、3G 重力、6G 重力、8G 重力）	判斷 micro:bit 的姿勢為晃動、左右傾斜或上下傾斜等。 傳回值：「true」（真）已晃動。 　　　　「false」（假）未晃動。
傳回旋轉值	旋轉感測值（°）pitch	傳回 micro:bit 在不同方向的傾斜程度。 pitch：向上或向下傾斜，感測值範圍從 -180 ～ 180 度。 roll：向左或向右傾斜，感測值範圍從 -180 ～ 180 度。
設定加速度值	加速度計 範圍設為 1G 重力	設定 micro:bit 的加速度。加速度的重力範圍從 1g（最小值）～ 8g（最大值）。

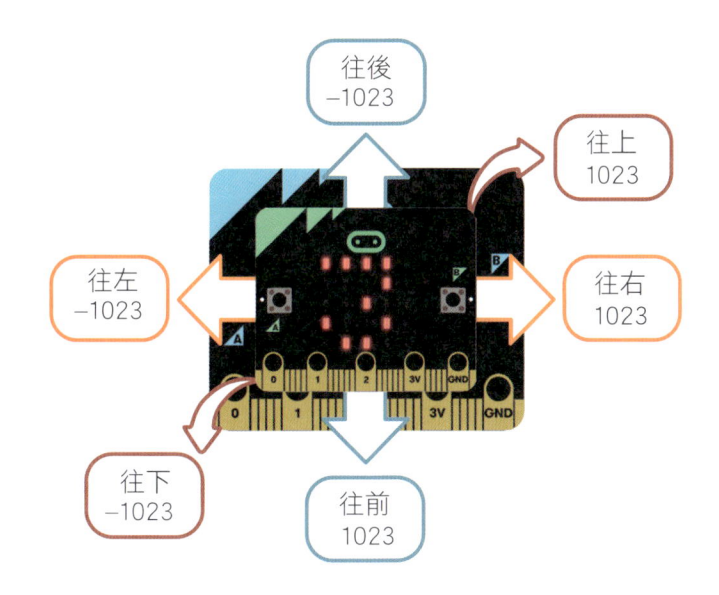

Chapter 8　地震警示器　133

往後 −1023
往上 1023
往左 −1023
往右 1023
往下 −1023
往前 1023

小試身手 1　左右方向加速度感測值　　　範例：microbit-ch8-1

請左右傾斜測試 micro:bit 加速度感測器的 x 軸。

重複無限次
　顯示 數字　加速度感測值（mg） x ▼

Step 1 開啟瀏覽器，輸入網址 https://makecode.microbit.org/。

Step 2 點選【新增專案】，輸入專案名稱「ch8-1」，再按【創建】。

Step 3 點按 ⊙ 輸入 與 ▦ 基本 拖曳上圖積木，重複偵測並顯示 micro:bit 左右方向的加速度感測值。

Step 4 將滑鼠游標移到左側，向左傾斜，檢查是否顯示 -1023；將滑鼠游標移到右側，向右傾斜，檢查是否顯示 1023。

| 往左：加速度感測值 = -1023 | 平放：加速度感測值 = 0 | 往右：加速度感測值 =1023 |

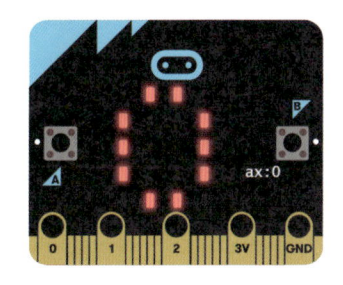

小試身手 2　前後方向加速度感測值

> 範例：microbit-ch8-2

請前後傾斜測試 micro:bit 加速度感測器的 y 軸。

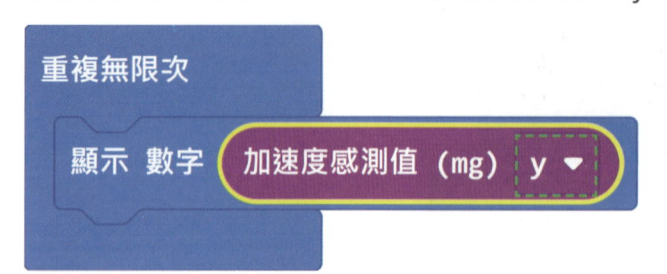

Step 1　點選【新增專案】，輸入專案名稱「ch8-2」，再按【創建】。

Step 2　左曳左圖積木，前後搖動 micro:bit。

Step 3　將滑鼠游標移到上方，往後傾斜，檢查是否顯示 –1023；將滑鼠游標移到下方，往前傾斜，檢查是否顯示 1023。

往後：加速度感測值 = -1023

平放：加速度感測值 = 0

往前：加速度感測值 = 1023

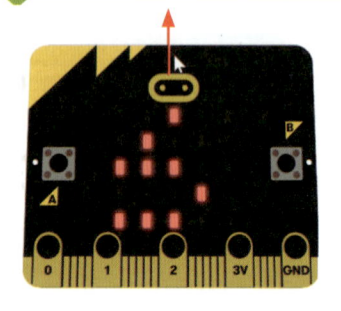

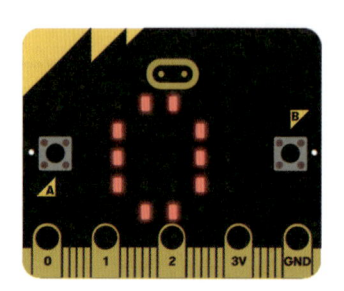

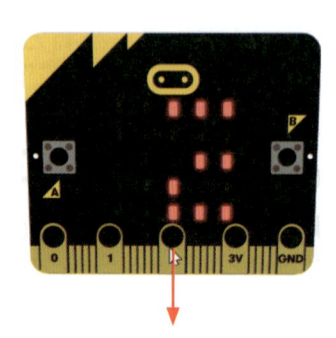

8-2　數學

數學　積木能夠計算數學相關的加、減、乘、除、次方、絕對值等。

功能	積木	說明
加	0 + 0	計算左與右兩數相加。
減	0 - 0	計算左與右兩數相減。
乘	0 × 0	計算左與右兩數相乘。
除	0 ÷ 0	計算左與右兩數相除。

功能	積木	說明
餘數	0 ÷ 1 的餘數	計算左除以右的餘數。
最小 最大	0 和 0 的 最小值 0 和 0 的 最大值	比較左右兩數的最小值或最大值。
絕對值	0 的絕對值	計算絕對值。
隨機 取數	隨機取數 0 到 10	在第一個數 0 到第二個數 10 之間隨機選一個數。
隨機取 布林	隨機取布林值	隨機產生一個布林值，真（true）或假（false）。
數字	0	0～9 數字

8-3　迴圈 ─ 重複判斷

「重複判斷 true 執行」迴圈會依據條件判斷決定是否執行程式，當條件為真時重複執行迴圈內程式。

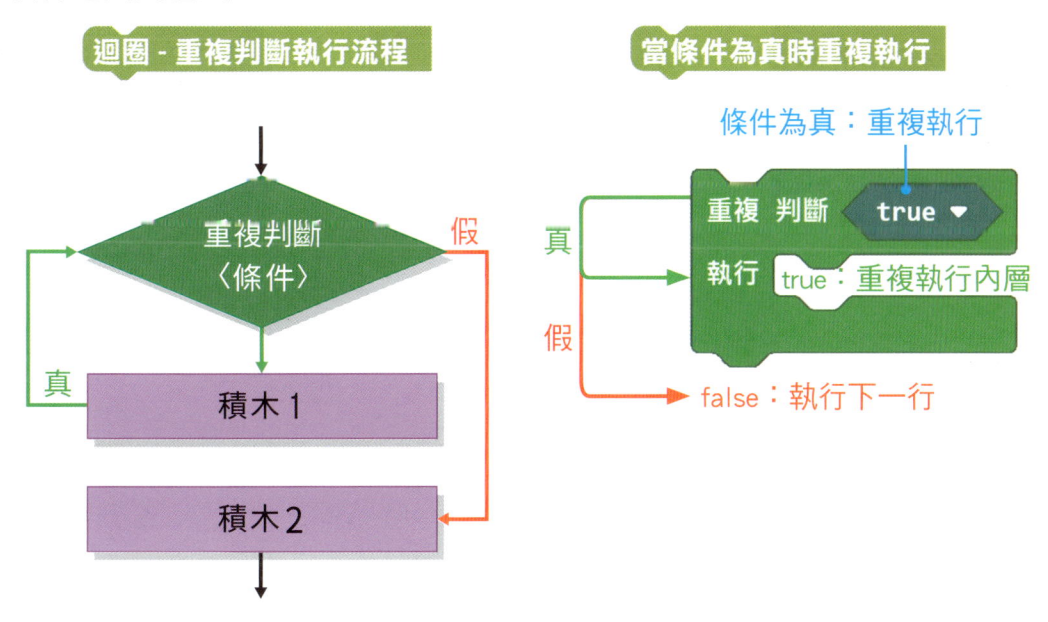

小試身手 3　左右傾斜

◉ 範例：microbit-ch8-3

請利用重複判斷執行讓 micro:bit 向左傾斜時，顯示往左的箭頭；micro:bit 向右傾斜時，顯示往右的箭頭。

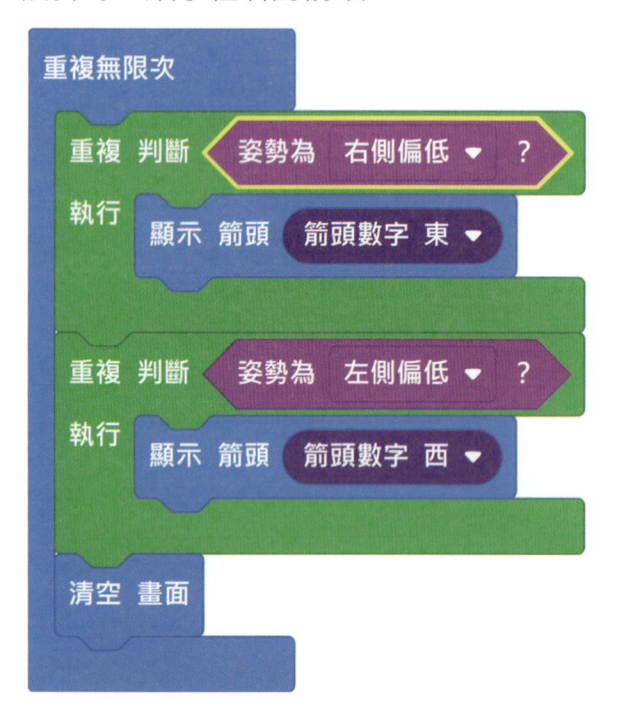

```
重複無限次
    重複 判斷 姿勢為 右側偏低 ？
    執行
        顯示 箭頭 箭頭數字 東
    
    重複 判斷 姿勢為 左側偏低 ？
    執行
        顯示 箭頭 箭頭數字 西
    
    清空 畫面
```

Step 1 點選【新增專案】，輸入專案名稱「ch8-3」，再按【創建】。

Step 2 拖曳左圖積木，當 micro:bit 右側偏低（向右傾斜）顯示東箭頭（往右箭頭）；當 micro:bit 左側偏低（向左傾斜）顯示西箭頭（往左箭頭）；當 micro:bit 平放時，不顯示圖案（清空畫面）。

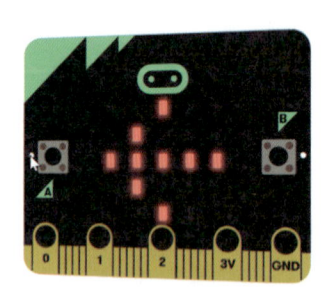

往左傾斜，顯示往左箭頭　　平放，不顯示箭頭　　往右傾斜，顯示往右箭頭

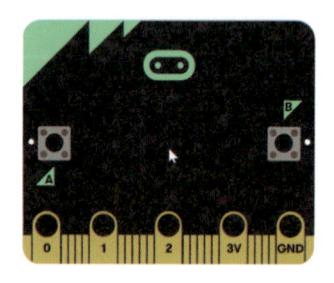

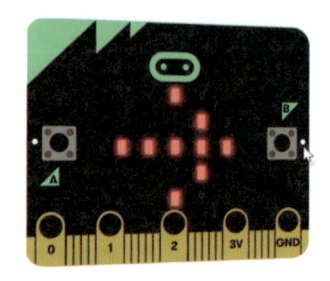

8-4　地震警示器情境與流程規劃

本章將設計地震警示器，偵測地震發生時，顯示 LED 警示燈並發出警示聲。地震警示器情境及執行流程如下。

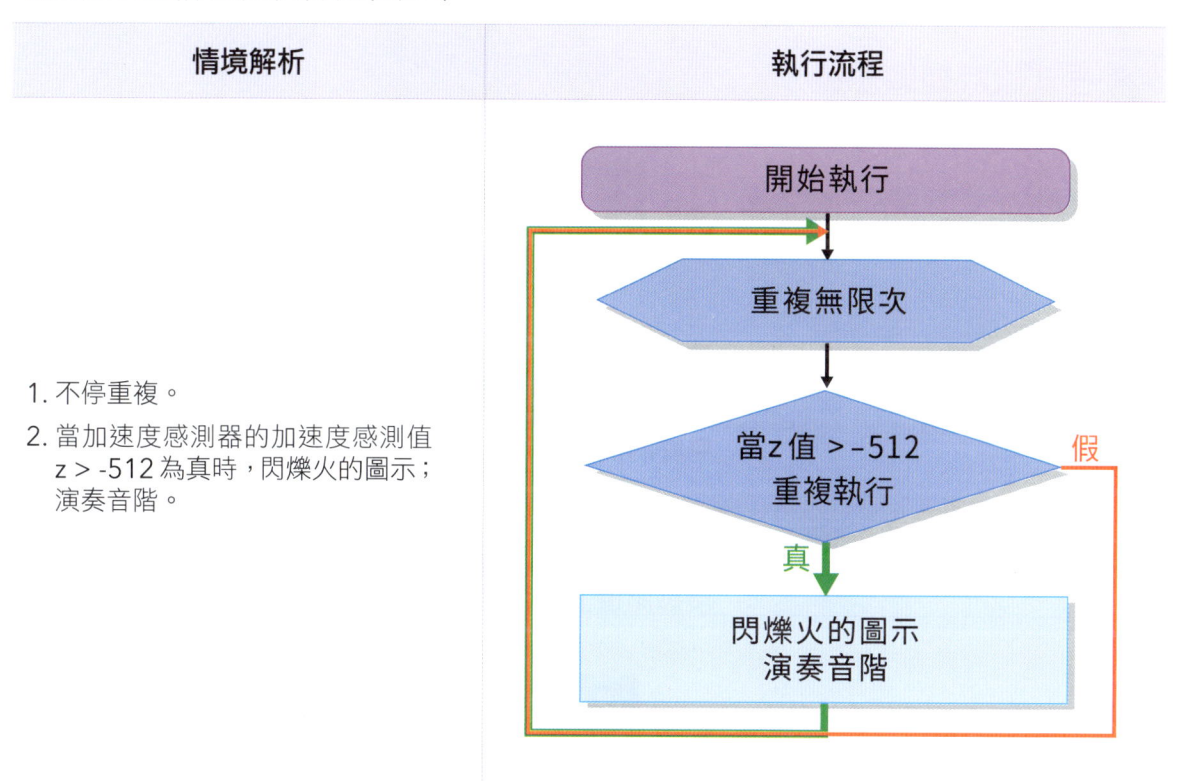

情境解析	執行流程
1. 不停重複。 2. 當加速度感測器的加速度感測值 z > -512 為真時，閃爍火的圖示；演奏音階。	開始執行 → 重複無限次 → 當 z 值 > -512 重複執行（真：閃爍火的圖示、演奏音階；假：結束）

8-5 重複判斷地震是否發生

利用迴圈「重複判斷 true 執行」判斷地震是否發生。當條件判斷為「真」時重複執行。

程式設計運算思維

1. 重複偵測是否發生地震

使用 `重複無限次` ，重複執行無限次。

2. 地震發生時，可能上下或左右晃動，如何偵測晃動？

使用加速度感測器偵測上下或左右方向的加速度值，以 `加速度感測值 (mg) z` 的 Z 值，傳回 micro:bit 上下晃動的加速度感測值。

3. 判斷晃動的程度

使用關係運算 `0 > 0` 判斷等號左邊「加速度感測值」是否與大於右邊「–512」。

4. 地震發生為真，重複執行

使用 `重複 判斷 true 執行` 判斷「加速度值 > –512」是否為真，表示地震發生，重複執行。

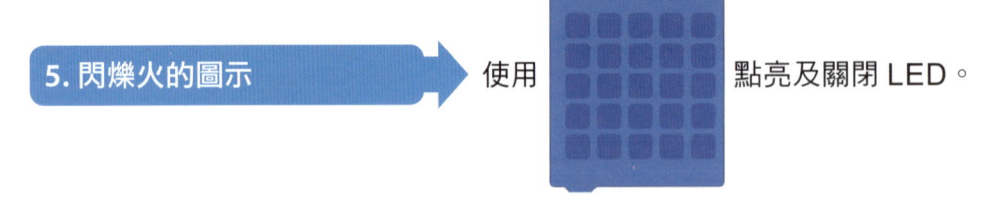

5. 閃爍火的圖示

使用 `顯示 指示燈` 點亮及關閉 LED。

6. 發出警告聲

使用 `演奏 音階 中音 C 持續 1 拍`、`play sound giggle` 或 `演奏旋律 ♪ 速度 120 (bpm)` 發出警告聲。

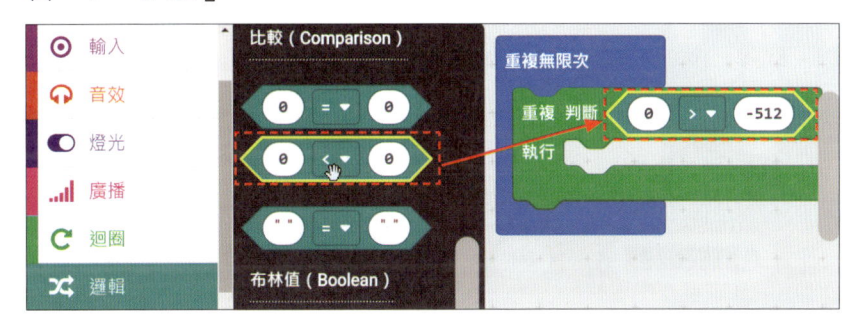

動手實作

Step 1 點擊 micro:bit 或 主頁，回到 makecode 主頁。點選【新增專案】，輸入專案名稱「ch8」，再按【創建】。

Step 2 點按 基本、迴圈 與 邏輯，拖曳下圖積木，micro:bit 重複判斷是否「> –512」。

Micro:bit 一點通
參數值介於 –1023 ～ 1023 之間，正數或負數為晃動的方向為上或下，參數 0 ～ 1023，數值愈小偵測靈敏度愈高，只要輕微震動，條件就為真。

Step 3 點按 輸入，拖曳 加速度感測值 (mg)，勾選【z】。

Micro:bit 一點通
加速度感測值為 z 時晃動的方向為上或下，如果偵測晃動方向為左或右時，利用 x 值。

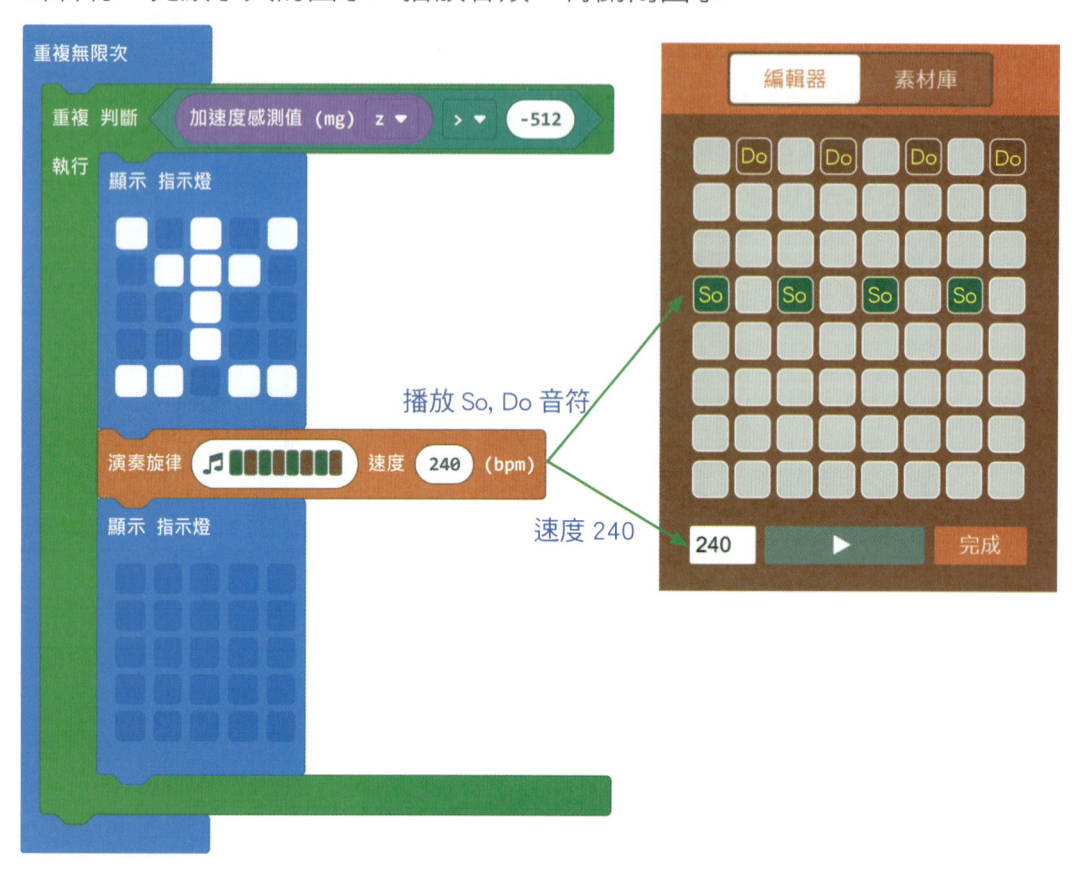

Step 4 點按 ▦ 基本 與 🎧 音效，拖曳下圖積木，點擊 LED，設計火的圖示與警示聲音符。先顯示火的圖示、播放音效、再關閉圖示。

播放 So, Do 音符
速度 240

Step 5 將滑鼠移到模擬器上，檢查是否顯示圖示及警示聲。

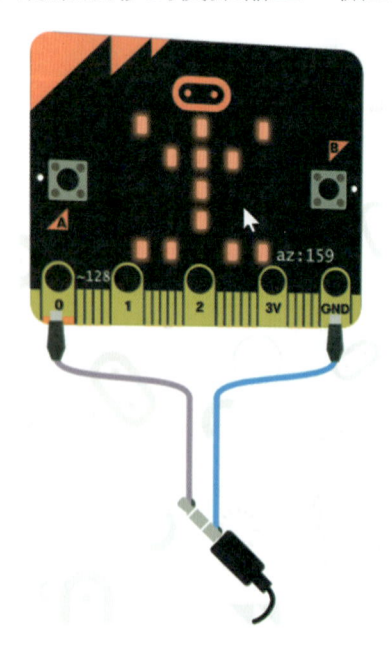

Micro:bit 一點通
先顯示圖示、播放音階再關閉圖示，才會產生閃爍效果。如果是兩個顯示圖，中間需要加 暫停 100 毫秒 暫停時間，才能閃爍圖示。

8-6　Micro:bit 地震警示器

連接 micro:bit、儲存檔案並配對 micro:bit，將檔案下載 micro:bit。上下搖動 micro:bit，檢查喇叭是否播放警示聲並且 LED 顯示圖示。

Step 1 將 Micro USB 線，連接 micro:bit，另一頭 USB 連接電腦。

LED 顯示警示圖。　　　　　　　　　　喇叭播放警示聲。

Step 2 點擊 【儲存】與 【Connected to micro:bit】，進行 micro:bit 裝置配對。

Step 3 點擊 或 更多選項的【Download to micro:bit】，下載程式到 micro:bit。

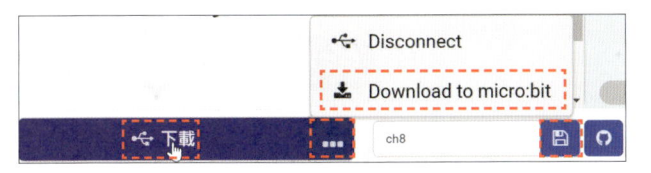

Step 4 上下搖動 micro:bit，檢查蜂鳴器是否播放警示聲並且 LED 顯示圖示。

實力評量

選擇題

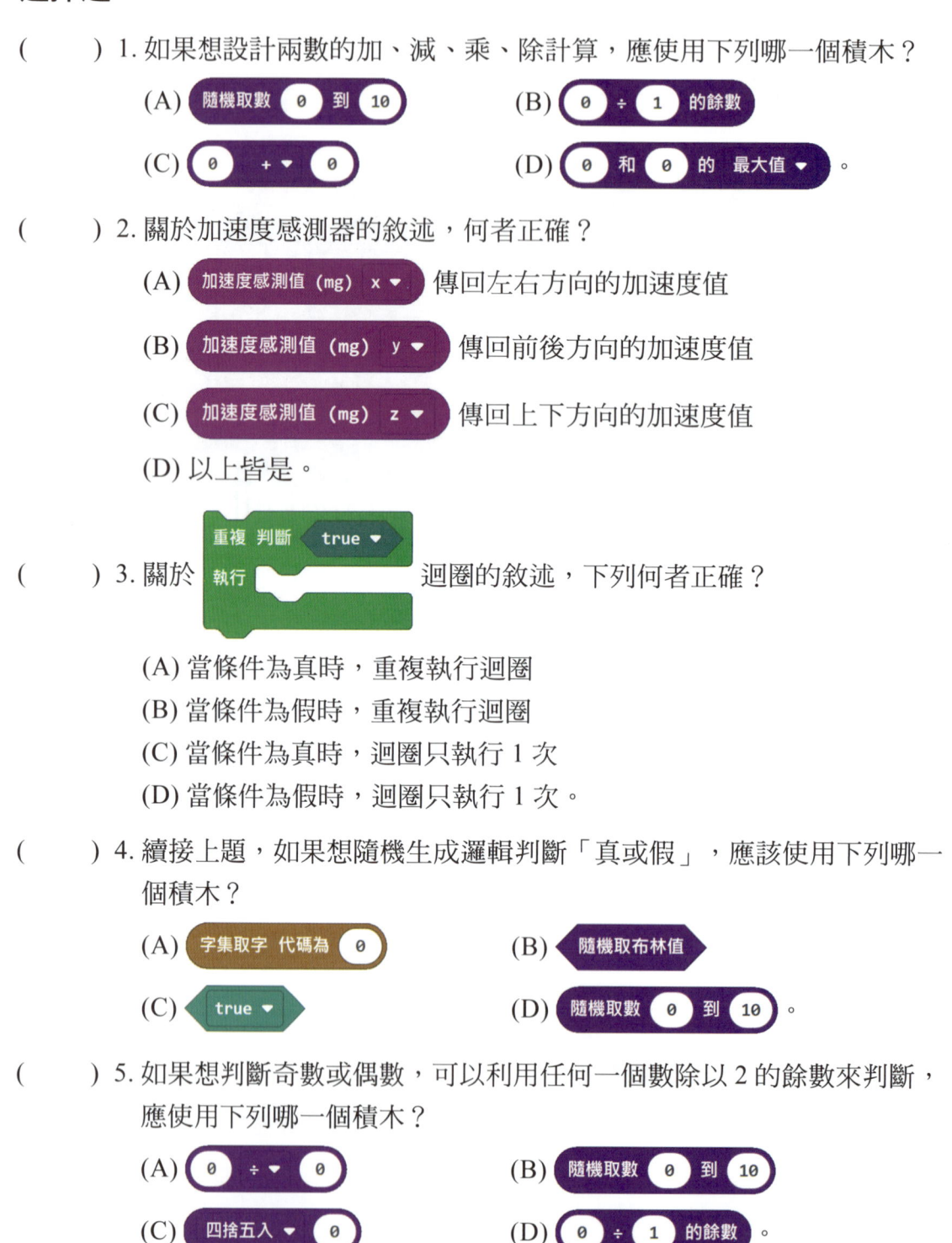

(　　) 1. 如果想設計兩數的加、減、乘、除計算，應使用下列哪一個積木？
　　　　(A) 隨機取數 0 到 10　　(B) 0 ÷ 1 的餘數
　　　　(C) 0 + 0　　(D) 0 和 0 的 最大值。

(　　) 2. 關於加速度感測器的敘述，何者正確？
　　　　(A) 加速度感測值 (mg) x　傳回左右方向的加速度值
　　　　(B) 加速度感測值 (mg) y　傳回前後方向的加速度值
　　　　(C) 加速度感測值 (mg) z　傳回上下方向的加速度值
　　　　(D) 以上皆是。

(　　) 3. 關於 重複 判斷 true 執行 迴圈的敘述，下列何者正確？
　　　　(A) 當條件為真時，重複執行迴圈
　　　　(B) 當條件為假時，重複執行迴圈
　　　　(C) 當條件為真時，迴圈只執行 1 次
　　　　(D) 當條件為假時，迴圈只執行 1 次。

(　　) 4. 續接上題，如果想隨機生成邏輯判斷「真或假」，應該使用下列哪一個積木？
　　　　(A) 字集取字 代碼為 0　　(B) 隨機取布林值
　　　　(C) true　　(D) 隨機取數 0 到 10。

(　　) 5. 如果想判斷奇數或偶數，可以利用任何一個數除以 2 的餘數來判斷，應使用下列哪一個積木？
　　　　(A) 0 ÷ 0　　(B) 隨機取數 0 到 10
　　　　(C) 四捨五入 0　　(D) 0 ÷ 1 的餘數。

( ) 6. 下列哪一個積木能夠判斷 micro:bit 的姿勢是否為晃動或傾斜，並傳回真或假的值？
(A) 姿勢為 晃動 ?
(B) 旋轉感測值 (°) pitch
(C) 加速度感測值 (mg) x
(D) 加速度計 範圍設為 1G 重力

( ) 7. 如右圖一，程式執行結果為何？
(A) 當上下搖動 micro:bit 時顯示愛心
(B) 當向左傾斜 micro:bit 時顯示愛心
(C) 當向右傾斜 micro:bit 時顯示愛心
(D) 以上皆非。

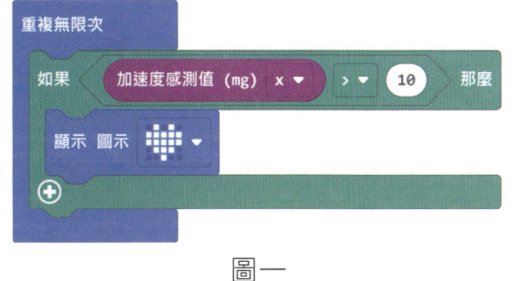

圖一

( ) 8. 如右圖二，程式執行結果為何？
(A) (B) (C) (D) 以上皆可。

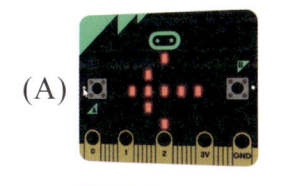

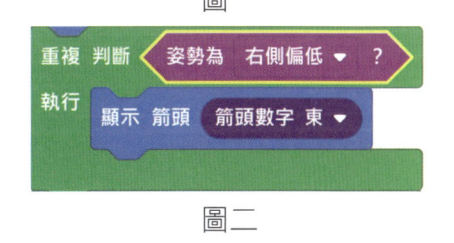

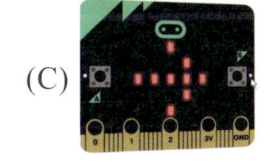

圖二

( ) 9. 如果想讓程式重複執行，應該使用下列哪一個積木？
(A) 當啟動時
(B) 重複無限次
(C) 當姿勢 晃動 發生
(D) 重複 4 次 執行

( )10. 如右圖三，程式執行結果為何？
(A) 當 micro:bit 上下搖動時顯示圖示
(B) 當 micro:bit 左右搖動時顯示圖示
(C) 當 micro:bit 前後搖動時顯示圖示
(D) 以上皆是。

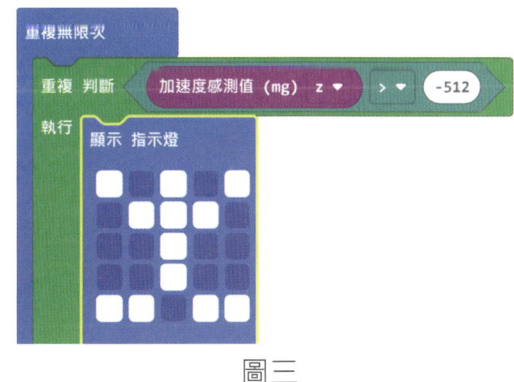

圖三

實作題

1. 請利用 `⊙ 輸入` 與 `▦ 數學` 的 `0 + 0` 設計兩數相加、減、乘、除的結果,並利用 LED 跑馬燈顯示結果。

2. **題目名稱**:地震警示器

   題目說明:請利用 `如果 true 那麼 否則` 設計判斷奇偶數。首先建立一個變數 item、item 變數在 1 到 100 之間隨機取數、將 item 除以二取餘數、判斷餘數是否為 0、再顯示 item 是奇數(odd)或偶數(even)。

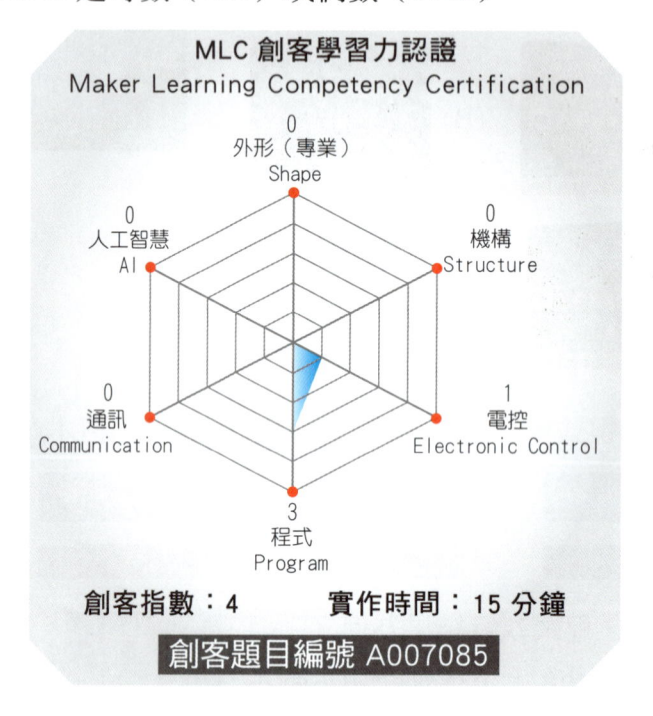

Chapter 9
摩斯終極密碼戰

早期電腦未發明之前，人類使用摩斯電碼來傳遞訊息。本章將兩人一組互相傳遞摩斯密碼，其中，A 玩家廣播摩斯密碼給 B 玩家接收，並接收 B 玩家的摩斯密碼。

學習目標
1. 理解 micro:bit 廣播原理。
2. 能夠使用 micro:bit 廣播傳遞訊息。
3. 理解摩斯碼。
4. 能夠應用 micro:bit 傳遞摩斯碼。

Micro:bit 元件規劃表

Micro:bit 藍牙　　Micro USB 連接線 　　電池盒與 2 個 AAA 電池（3V）

完成作品

模擬器

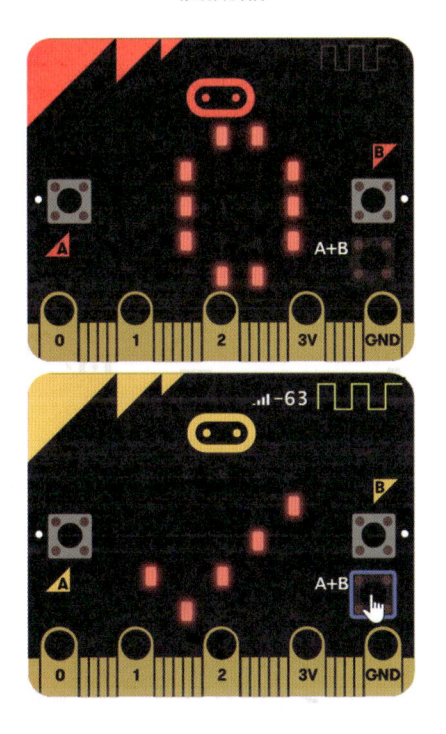

實體

```
當啟動時
  廣播群組設為 1
```

```
當收到廣播 receivedString
  顯示 文字 receivedString
  暫停 1000 毫秒
  顯示 指示燈
```

```
當按鈕 A 被按下
  廣播 發送文字 "."
  顯示 文字 "."
```

```
當按鈕 B 被按下
  廣播 發送文字 "-"
  顯示 文字 "-"
```

```
當按鈕 A+B 被按下
  廣播 發送文字 "OVER"
  顯示 圖示
```

9-1　Micro:bit 基本元件―藍牙

藍牙傳輸
處理器
內建藍牙

本章將使用 micro:bit 處理器內建的低耗電藍牙模組傳遞無線訊號。

9-2　廣播

Micro:bit 藍牙廣播傳遞原理如下。

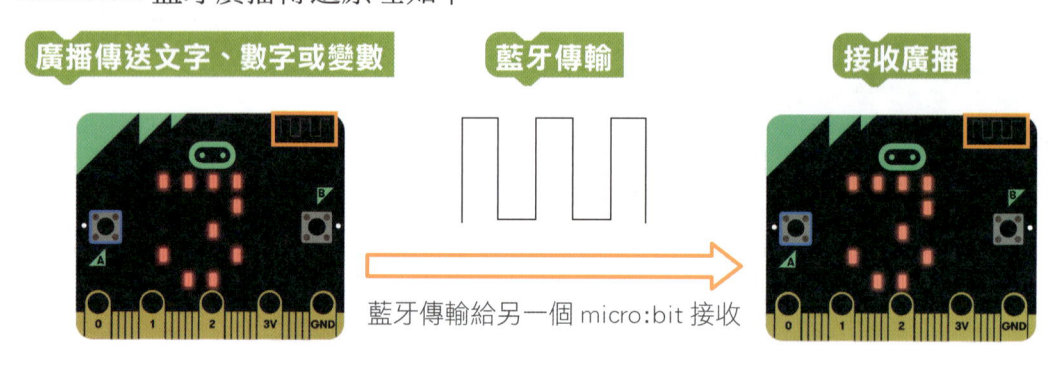

廣播傳送文字、數字或變數　　藍牙傳輸　　接收廣播

藍牙傳輸給另一個 micro:bit 接收

一、發送廣播

Micro:bit 利用藍牙廣播能夠發送數字、文字或變數給另一個 micro:bit。

功能	積木	說明
發送數字	廣播 發送數字 0	廣播發送數字到相同群組的 micro:bit。 廣播發送的數字暫存在 receivedNumber 變數中。
發送文字	廣播 發送文字 " "	廣播發送文字到相同群組的 micro:bit，文字長度最多 19 字元。 廣播發送的文字暫存在 receivedString 變數中。
發送文字與數字	廣播 發送鍵值 "name" = 0	廣播發送一對文字與數字到相同群組的 micro:bit。 廣播發送的文字暫存在 name 變數中，文字長度最多 12 字元；發送的數字暫存在 value 變數中。

二、接收廣播

Micro:bit 利用藍牙廣播能夠接收 micro:bit 發送的數字、文字或變數。

功能	積木	說明
接收數字	當收到廣播數字 receivedNumber	接收相同群組的 micro:bit 發送的數字廣播。
接收文字	當收到廣播文字 receivedString	接收相同群組的 micro:bit 發送的文字廣播。
接收文字與數字	當收到廣播鍵值 name value	接收相同群組的 micro:bit 發送的一對文字與數字廣播。

三、其他廣播功能

Micro:bit 的廣播發送與接收時，首先需要設定群組編號、強度或序號。

功能	積木	說明
設定群組	廣播群組設為 1	設定 micro:bit 廣播的群組 id，相同群組才能接收或發送廣播。 群組範圍：0～255。
設定強度	radio set frequency band 0	設定 micro:bit 廣播的強度。 強度範圍：0（最弱）～7（最強約 70 公尺）。
設定序號	廣播序號設為 true	在廣播的訊息封包中寫入 micro:bit 裝置的序號。 設定值：「true」（真）廣播夾帶序號。 　　　　「false」（假）廣播不夾帶序號。

功能	積木	說明
傳回訊息	收到的封包 訊號強度 ▼ ✓ 訊號強度 　時間 　序號	傳回收到廣播的訊息時，廣播的訊號強度、時間與序號。 訊號強度範圍：–128（最弱）～ 　　　　　　　–42（最強）。 時間：廣播訊息發送的時間。 序號：發送廣播的序號。
設定廣播	廣播引發事件 來源為 MICROBIT_ID_BUTTON_A ▼ 值為 value MICROBIT_EVT_ANY ▼	設定執行廣播的事件，例如：按下按鈕A（MICROBIT_ID_BUTTON_A），發送廣播值（MICROBIT_EVT_ANY）。

小試身手 1　發送數字廣播

◉ 範例：microbit-ch9-1

請設計按下按鈕發送數字廣播。

Step 1 開啟瀏覽器，輸入網址 https：//makecode.microbit.org/。

Step 2 點選【新增專案】，輸入專案名稱「ch9-1」，再按【創建】。

Step 3 點按 基本 與 廣播 ，拖曳下圖積木，啟動 micro:bit 時，將廣播群組設定為 1。

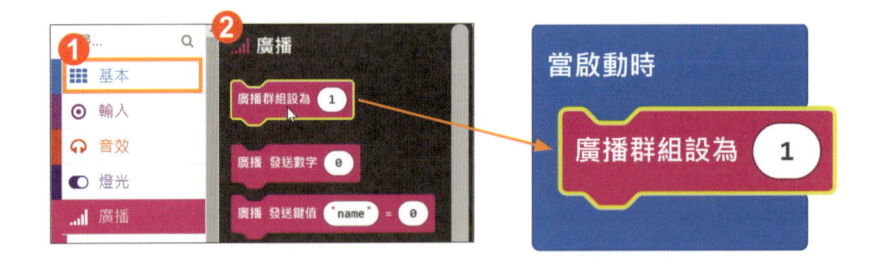

Step 4 點按 輸入 ，拖曳 當按鈕 A 被按下 ，再點按 廣播 ，拖曳 廣播 發送數字 0 ，輸入「77543」（猜猜我是誰）。

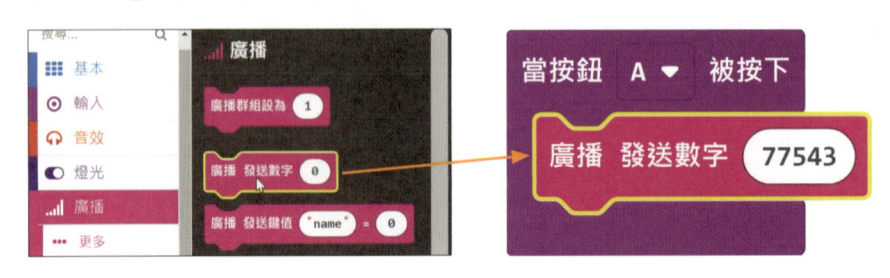

Chapter 9 摩斯終極密碼戰　151

Step 5 按下按鈕【A】，兩個 micro:bit 都不會顯示訊息。

發送廣播的micro:bit顯示藍牙

按下【A】

上圖 micro:bit
發送廣播

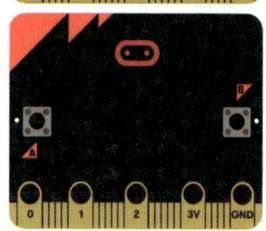

下圖 micro:bit
接收廣播

Micro:bit 一點通

1. 當拖曳 廣播 的積木時，模擬器會自動產生另一個 micro:bit 及藍牙傳輸圖示。
2. 上方 micro:bit 未使用顯示發送的數字的積木，所以沒有顯示任何資訊。
3. 下方 micro:bit 未使用接收廣播，所以沒有顯示任何資訊。

小試身手 2　接收數字廣播

◎ 範例：microbit-ch9-2

請設計接收數字廣播並顯示接收的數字。

Step 1 續接「小試身手1」，點按 廣播 與 基本，拖曳下圖積木，收到數字廣播時，顯示數字。

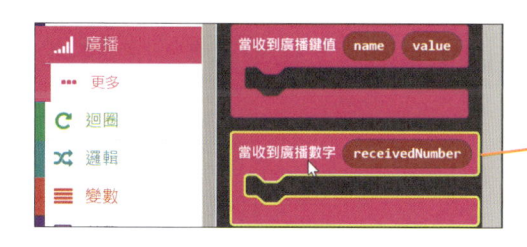

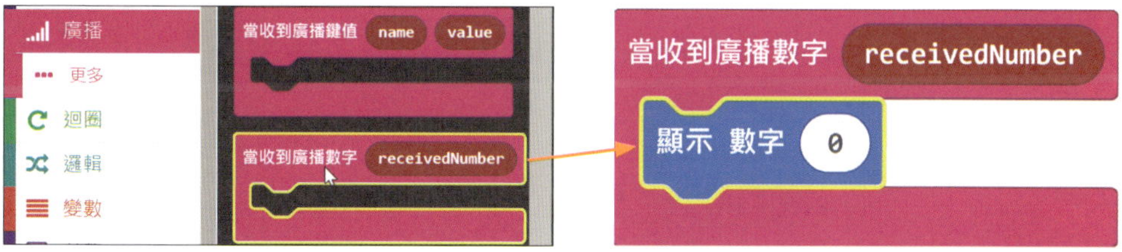

Step 2 按住【receivedNumber】（接收數字），拖曳到數字【0】的位置，顯示收到廣播的數字。

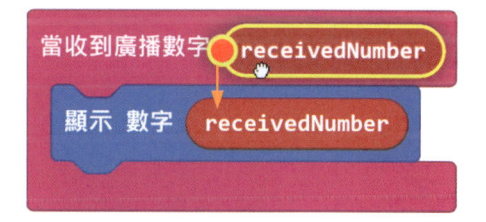

Step 3 點按上圖 micro:bit 按鈕【A】。

Step 4 檢查下圖 micro:bit 模擬器，是否顯示「77543」跑馬燈。

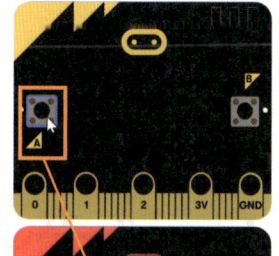

上圖 micro:bit
發送廣播「77543」

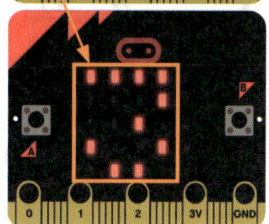

下圖 micro:bit
接收廣播
顯示數字「77543」

9-3 文字

Micro:bit 傳遞的數字或文字以 ASCII 碼傳送,首先認識 ASCII 碼。

一、認識 ASCII 碼

ASCII 用來顯示英文的電腦編碼系統,讓世界各國不同語言的電腦溝通格式都能夠統一。每一個數字(0~9)、符號(<,)、大寫英文字(A~Z)或小寫英文字(a~z)輸入到電腦之後都會被轉成 ASCII 碼,以 ASCII 碼十進位為例,它與圖示對應如附錄四所示。

ASCII 碼	圖示	ASCII 碼	圖示
45	–	65	A
46	.	97	a

二、文字

Micro:bit 僅支援 ASCII 碼從 32(空白)~126 的文字、數字與符號,在 文字 積木功能中,字串第 1 個文字的索引值從 0 開始,字串與索引值的關係及文字積木功能如下。

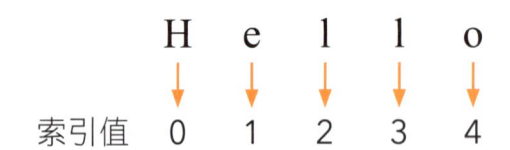

```
    H   e   l   l   o
    ↓   ↓   ↓   ↓   ↓
索引值 0   1   2   3   4
```

功能	積木	說明
文字	" "	文字。
計算長度	"Hello" 的長度	傳回文字的長度,總共有幾個字元。 例如:"Hello" 總共有「H」、「e」、「l」、「l」、「o」,5 個字,長度為 5。
組合	字串組合 "Hello" "World" ⊖ ⊕	合併字串。 例如:"Hello" 與 "World" 組合成 "HelloWorld"。
轉成數字	字串剖析 文字 "123" 轉成數字	將 0~9 文字轉成數字。

功能	積木	說明
拆解文字	字串拆分 "this" 分隔符號 " "	使用分隔符號將長字串（this）拆解成短字串。
包含文字	"this" 裡包含文字 " " ?	判斷 "this" 字串中是否包含文字 " "。 傳回：「true」（真）包含文字 " "。 　　　「false」（假）不包含文字。
取得位置	取得 "this" 裡 文字 " " 的索引值	從長字串 "this" 中取得特定的文字 " " 的索引值，字串 "this" 第 1 個字的位置索引值從 0 開始。
判斷空值	"this" 為空值？	判斷 "this" 字串中是否為空字串（" "）。 傳回：「true」（真）" " 為空字串。 　　　「false」（假）" " 不是空字串，內含文字。
截取字串	字串截取 字串為 "this" 索引值為 0 長度為 10	在字串（"this"）中，從第 0 個索引值（第 1 個字）開始，取 10 個字。
比較字串	字串比較 "this" 與 " "	傳回前後兩個字串比較的結果。 比較方法：前、後兩個字串從第一個字開始，依照 ASCII 內碼逐字比較。 傳回值： 1.「-1」：前面字串小於後面字串。 2.「1」：前面字串大於後面字串。 3.「0」：兩個字串相同。
取字	字串取字 字串為 "this" 索引值為 0	從字串（"this"）中取索引值 0 的字（第 1 個字）。
數字轉文字	轉換 0 成文字型別	將 0～9 數字轉換成文字。
ASCII 文字	字集取字 代碼為 0	將 ASCII 代碼轉換成文字。 例如：ASCII 代碼 65 的文字為 A。

小試身手 3　發送文字廣播

◉ 範例：microbit-ch9-3

請設計按下按鈕發送文字廣播，並顯示發送的文字。

Step 1 點擊 micro:bit 或 主頁，回到 makecode 主頁。點選【新增專案】，輸入專案名稱「ch9-3」，再按【創建】。

Step 2 點按 基本 與 廣播，拖曳右圖積木，啟動 micro:bit 時，將廣播群組設定為 1。

Step 3 點按 輸入，拖曳 當按鈕 A 被按下，點選【B】，再點按 廣播，拖曳 廣播 發送文字。

Step 4 點按 文字，拖曳 字集取字 代碼為 0，輸入「65」。

Step 5 點按 基本，拖曳 顯示 文字 "Hello!"，輸入「A」，發送廣播的 micro:bit，顯示發送的文字「A」。

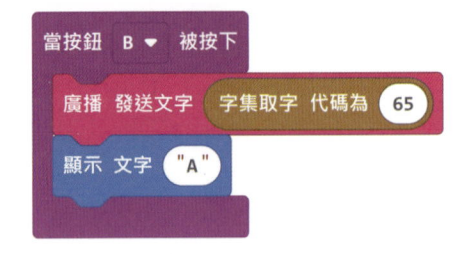

Step 6 按下按鈕【B】，上方 micro:bit 顯示「A」，下方 micro:bit 沒有顯示訊息。

> **Micro:bit 一點通**
> 下方 micro:bit 未使用接收廣播，所以沒有顯示任何資訊。

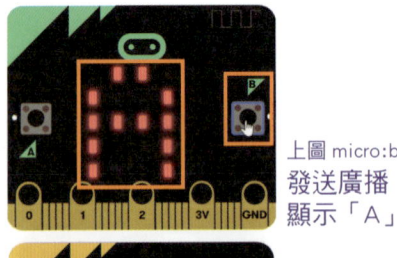

上圖 micro:bit 發送廣播 顯示「A」

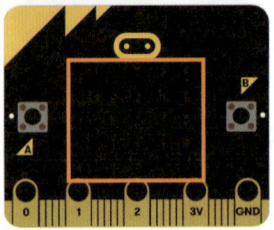

下圖 micro:bit 接收廣播 沒有顯示

小試身手 4　接收文字廣播

範例：microbit-ch9-4

Step 1 續接「小試身手 3」，點按 廣播 與 基本，拖曳右圖積木，接收廣播文字，並顯示文字。

Step 2 按住【receivedString】（接收文字），拖曳到文字【Hello!】的位置，顯示收到廣播的文字。

Step 6 按下按鈕【B】，上方與下方 micro:bit 顯示「A」。

上圖 micro:bit
發送廣播
顯示文字「A」

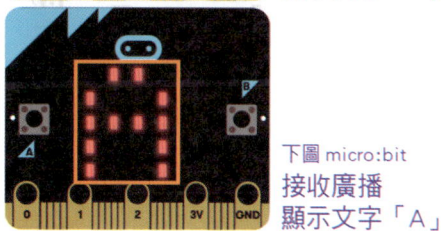

下圖 micro:bit
接收廣播
顯示文字「A」

9-4　摩斯密碼

　　早期電腦未發明前只能用摩斯電碼來通訊，摩斯碼中用「·」（滴）和「－」（答）來表達，例如 A 用「·（滴）－（答）」來表達，更多英文字和數字的摩斯碼如附錄五所示。

字元	摩斯碼	字元	摩斯碼
A	·－	Z	－－··

小試身手 5　發送與接收摩斯碼

◎ 範例：microbit-ch9-5

請設計發送摩斯碼廣播、接收摩斯碼廣播，並顯示接收的文字。

Step 1 點擊 ⬛micro:bit 或 🏠主頁，回到 makecode 主頁。點選【新增專案】，輸入專案名稱「ch9-5」，再按【創建】。

Step 2 點按 基本 與 廣播，拖曳右圖積木，啟動 micro:bit 時，將廣播群組設定為 1。

Step 3 點按 輸入 與 廣播，拖曳右圖積木，按下按鈕【A】發送文字「·」（滴）；按下按鈕【B】發送文字「－」（答）。

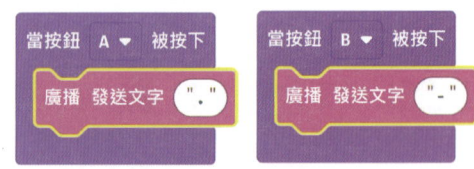

Step 4 點按 基本 與 廣播，拖曳右圖積木接收廣播並顯示接收的摩斯碼文字。

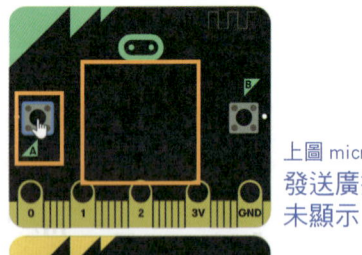

Step 5 點按上圖 micro:bit 模擬器，按鈕【A】，檢查下圖 micro:bit 模擬器是否顯示「·」（滴）。

Step 6 點按上圖 micro:bit 模擬器，按鈕【B】，檢查下圖 micro:bit 模擬器是否顯示「－」（答）。

上圖 micro:bit
發送廣播「·」
未顯示

上圖 micro:bit
發送廣播「－」
未顯示

下圖 micro:bit
接收廣播
顯示文字「·」

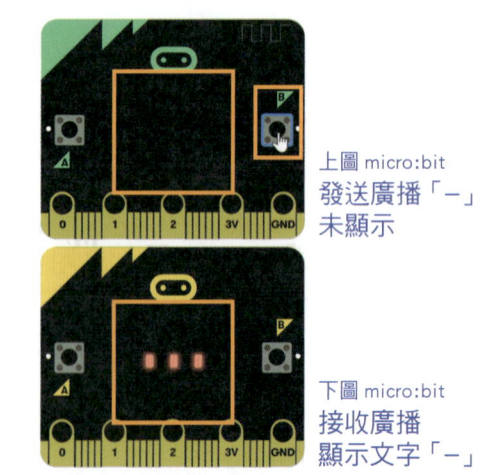

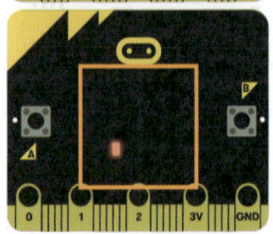

下圖 micro:bit
接收廣播
顯示文字「－」

> **Micro:bit 一點通**
> 1. 「·」（滴）與「－」（答）是英文輸入模式的小數點「·」；「－」（答）是數字鍵的減號「－」。
> 2. 如果是中文輸入模式的「·」（滴）和「－」（答）則無法顯示。

9-5 摩斯終極密碼戰情境與流程規劃

早期電腦未發明之前，人類使用摩斯電碼來傳遞訊息。本章將兩人一組互相傳遞摩斯碼，其中，A 玩家廣播摩斯密碼給 B 玩家接收，同時接收 B 玩家發送的摩斯密碼。廣播發送與接收的情境與執行流程如下。

發送廣播	接收廣播
1. 按下按鈕【A】，廣播發送「·」（滴）。 2. 在發送廣播的 micro:bit 顯示文字「·」（滴）。 3. 按下按鈕【B】，廣播發送「–」（答）。 4. 在發送廣播的 micro:bit 顯示文字「–」（答）。 5. 同時按下【A+B】發送「OVER」，表示發送完畢。 6. 在發送廣播的 micro:bit 顯示圖示「✓」。	1. 接收文字廣播。 2. 顯示廣播接收的文字。 3. 暫停 1 秒。 4. 清除 LED 畫面。

發送廣播執行流程	接收廣播執行流程
按下按鈕【A】→ 廣播發送「．」（滴）→ 顯示文字「．」（滴） 按下按鈕【B】→ 廣播發送「–」（答）→ 顯示文字「–」（答） 按下按鈕【A + B】→ 廣播發送「OVER」→ 顯示圖示「✓」	接收到文字廣播 → 顯示廣播接收的文字 → 暫停1秒 → 清除LED畫面

9-6　廣播發送文字

1. 按下按鈕【A】，廣播發送「‧」（滴），並且在發送廣播的 micro:bit 顯示文字「‧」（滴）。
2. 按下按鈕【B】，廣播發送「－」（答），並且在發送廣播的 micro:bit 顯示文字「－」（答）。
3. 同時按下【A+B】，發送「OVER」，表示發送完畢，並且在發送廣播的 micro:bit 顯示圖示「✓」。

程式設計運算思維

運算思維	說明
1. 辨別廣播發送的是「‧」（滴）、「－」（答）或發送完畢	使用 [當按鈕 A▼ 被按下] 按鈕，辨別傳送「‧」（滴）、「－」（答）或結束。
2.「‧」（滴）和「－」（答）是文字	使用 [廣播 發送文字 ""] 廣播發送文字。
3. 在發送端的 micro:bit 顯示自己廣播發送的文字	使用 [顯示 文字 "Hello!"] 積木，顯示自己發送的文字。
4. 接收端如何知道訊息已發送結束？	發送端使用 [廣播 發送文字 ""] 廣播發送「OVER」，接收端收到「OVER」，表示結束。
5. 發送端如何顯示訊息已發送結束？	發送端使用 [顯示 圖示 ▼] 積木，顯示發送結束。

動手實作

請以兩個 micro:bit 為一組，分別設定廣播發送端 micro:bit A 與廣播接收端 micro:bit B，並設定各別的廣播群組 id，廣播發送端的 micro:bit 程式設計如下所示。

Step 1 點擊 micro:bit 或 主頁，回到 makecode 主頁。點選【新增專案】，輸入專案名稱「ch9」，再按【創建】。

Step 2 點按 基本 與 廣播，拖曳右圖積木，啟動 micro:bit 時，將廣播群組設定為 1。

Step 3 點按 輸入、基本 與 廣播，拖曳右圖積木，按下按鈕【A】，發送「·」（滴）並顯示文字「·」。

Step 4 點按 輸入、基本 與 廣播，拖曳右圖積木，按下按鈕【B】，發送「—」（答）並顯示文字「—」。

Step 5 點按 輸入、基本 與 廣播，拖曳右圖積木，按下按鈕【A+B】，發送「OVER」。

Step 6 點按 基本，拖曳 顯示 圖示，點選圖示【✓】。

160　用 micro:bit V2.0 學運算思維與程式設計

Step 7 點按上圖 micro:bit 模擬器，按鈕【A】，檢查上圖 micro:bit 模擬器顯示 ■ 。

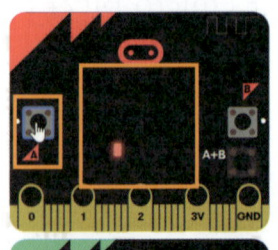

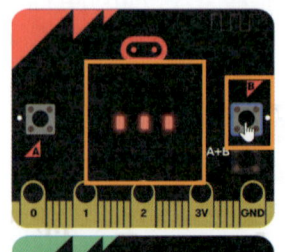

上圖 micro:bit
發送廣播「·」
顯示「·」

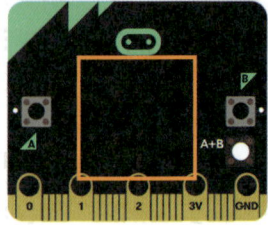

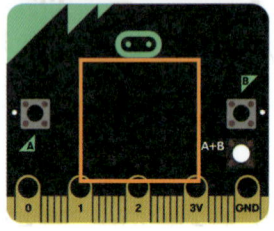

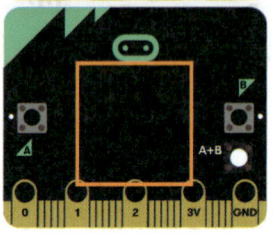

下圖 micro:bit
接收廣播
沒有顯示

Step 8 點按上圖 micro:bit 模擬器，按鈕【B】，檢查上圖 micro:bit 模擬器顯示 ■■■ 。

上圖 micro:bit
發送廣播「−」
顯示「−」

下圖 micro:bit
接收廣播
沒有顯示

Step 9 點按上圖 micro:bit 模擬器，按鈕【A+B】，檢查上圖 micro:bit 模擬器顯示 ■ 。

Micro:bit 一點通
下方 micro:bit 未使用接收廣播，所以沒有顯示任何資訊。

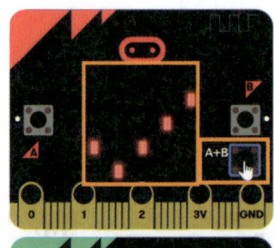

上圖 micro:bit
發送廣播「OVER」
顯示「✓」

下圖 micro:bit
接收廣播
沒有顯示

9-7 接收廣播文字

接收端接收廣播訊息,並顯示接收的文字。

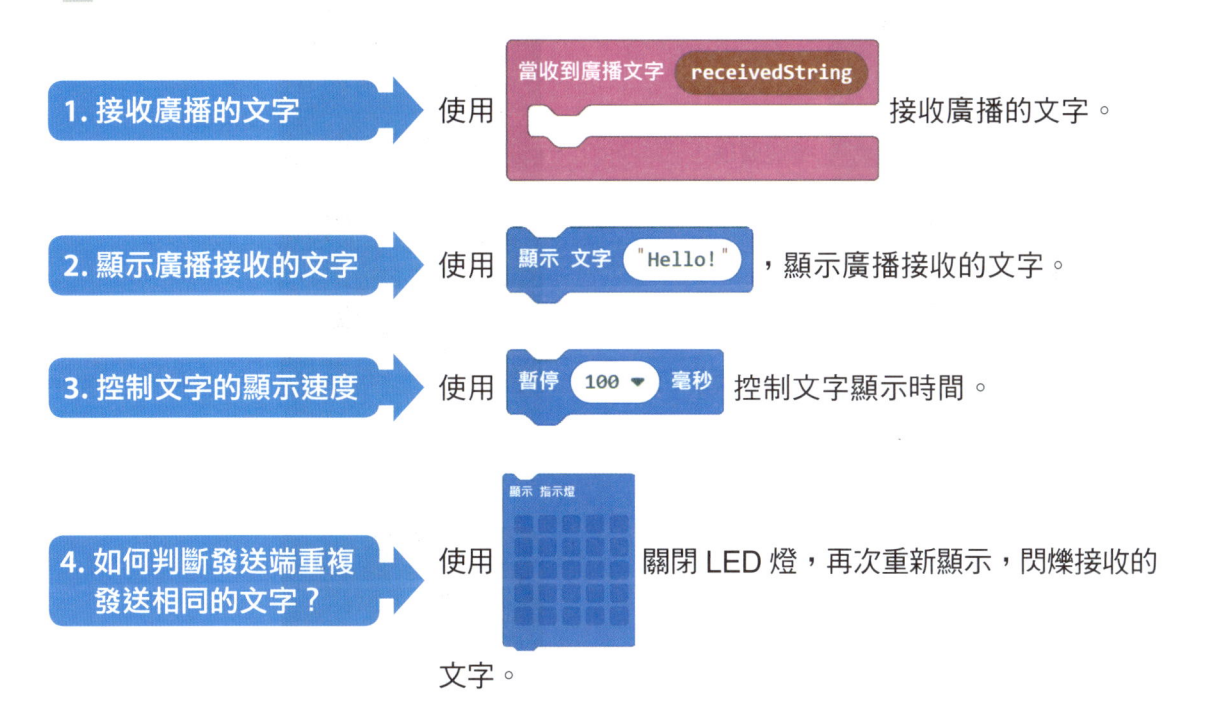

程式設計運算思維

1. 接收廣播的文字　　使用 `當收到廣播文字 receivedString` 接收廣播的文字。

2. 顯示廣播接收的文字　　使用 `顯示 文字 "Hello!"`,顯示廣播接收的文字。

3. 控制文字的顯示速度　　使用 `暫停 100 毫秒` 控制文字顯示時間。

4. 如何判斷發送端重複發送相同的文字?　　使用 `顯示 指示燈`(空白) 關閉 LED 燈,再次重新顯示,閃爍接收的文字。

動手實作

Step 1 點按 `基本` 與 `廣播`,拖曳右圖積木,接收廣播文字,並顯示文字。

Step 2 點按上圖或下圖 micro:bit 的按鈕【A】，發送端的 micro:bit 自動顯示藍牙圖示，兩個 micro:bit 都顯示 。

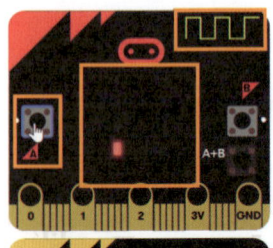

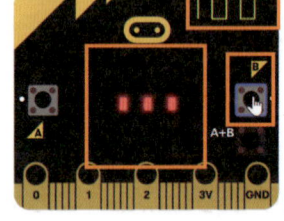

上圖 micro:bit
發送端顯示藍牙
發送廣播「·」
顯示「·」

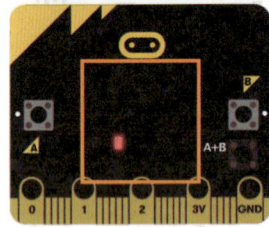

下圖 micro:bit
接收端
接收廣播「·」
顯示「·」

Step 3 點按上圖或下圖 micro:bit 的按鈕【B】，兩個 micro:bit 都顯示 。

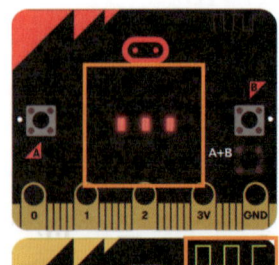

上圖 micro:bit
接收端
接收廣播「−」
顯示「−」

下圖 micro:bit
發送端顯示藍牙
發送廣播「−」
顯示「−」

Step 4 點按上圖或下圖 micro:bit 的按鈕【A+B】，發送端的 micro:bit 顯示 ，接收端的 micro:bit 顯示「OVER」。

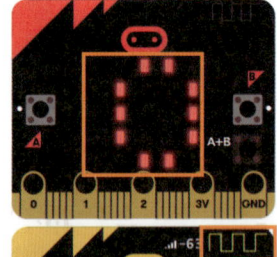

上圖 micro:bit
接收端
接收廣播「OVER」
顯示「OVER」

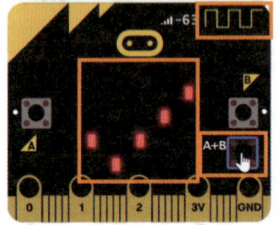

下圖 micro:bit
發送端顯示藍牙
發送廣播「OVER」
顯示「✓」

Chapter 9　摩斯終極密碼戰　163

9-8　Micro:bit 摩斯終極密碼戰

連接 micro:bit 與電腦、儲存檔案並配對 micro:bit，將檔案下載到多個 micro:bit。

Step 1 點擊 🖫【儲存】與 ⋯【Connected to micro:bit】，進行 micro:bit 裝置配對。

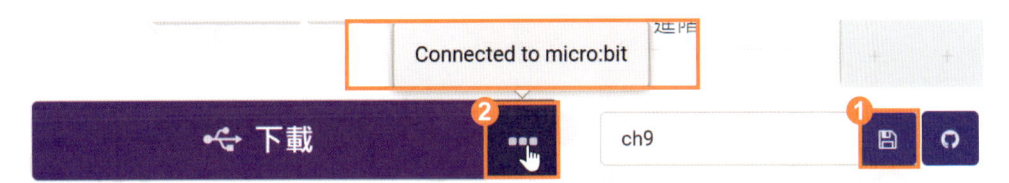

Step 2 點擊 ⬇ 下載 或 ⋯ 更多選項的【Download to micro:bit】，下載程式到 micro:bit。

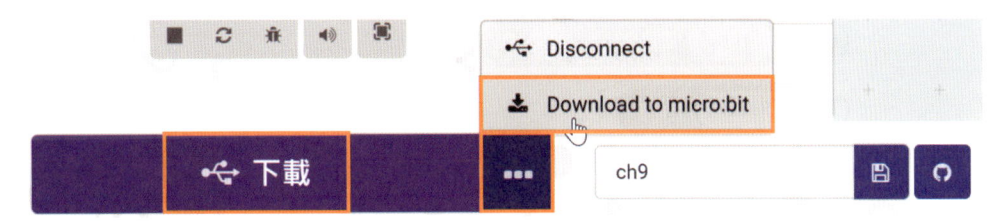

Step 3 在發送端 micro:bit 按下按鈕【A】、【B】或【A+B】，檢查兩個 micro:bit 是否同時顯示。

Step 4 兩人一組，開始傳遞你們的摩斯密碼，猜猜對方傳送的是什麼文字。

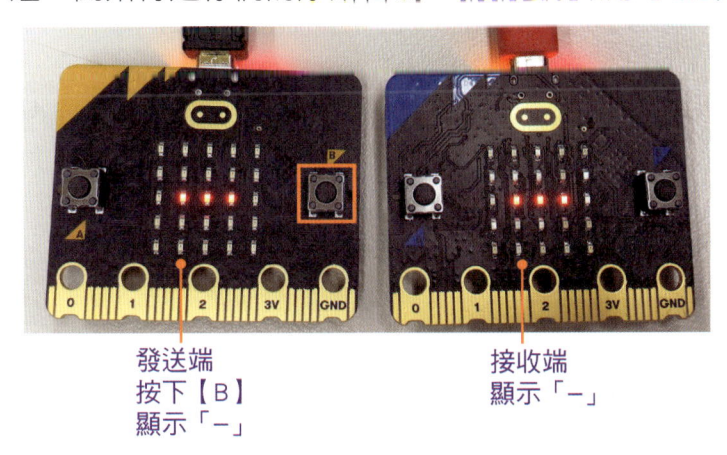

發送端
按下【B】
顯示「－」

接收端
顯示「－」

實力評量

選擇題

( ) 1. 如果想利用廣播傳遞 0～9 數字，應該使用下列哪一個積木？

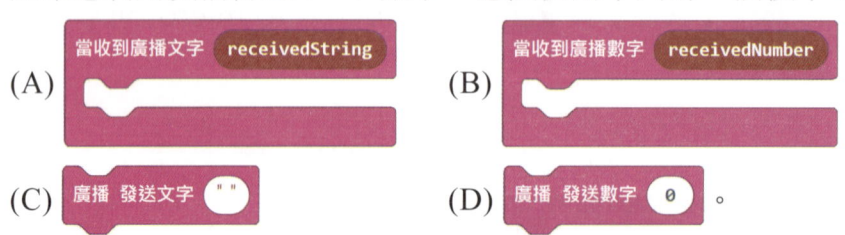

(A) `當收到廣播文字 receivedString`

(B) `當收到廣播數字 receivedNumber`

(C) `廣播 發送文字 " "`

(D) `廣播 發送數字 0`。

( ) 2. 下列積木中何者**不屬於** `T文字` 類別？

(A) `字串組合 "Hello" "World"`

(B) `變數 list 設為 陣列 0 1`

(C) `"this" 裡包含文字 " " ?`

(D) `"Hello" 的長度`。

( ) 3. Micro:bit 廣播利用藍牙傳輸，請問藍牙內建在右圖一的哪一個選項中？
(A) A　(B) B　(C) C　(D) D。

( ) 4. 下列關於廣播的敘述，何者正確？
(A) 廣播僅能夠發送數字
(B) 廣播能夠發送中文、英文字
(C) 廣播僅能發送 ASCII 碼從 32（空白）～126 的文字、數字或符號
(D) 以上皆是。

圖一

( ) 5. 如果想計算廣播傳送的文字的長度總共有幾個字，應該使用下列哪一個積木？

(A) `取得 "this" 裡 文字 " " 的索引值`

(B) `" "`

(C) `"Hello" 的長度`

(D) `字串組合 "Hello" "World"`

( ) 6. 下圖積木的執行結果為何？

(A) 顯示 t　(B) 顯示 h　(C) 顯示 i　(D) 顯示 hi。

( ) 7. 如右圖二，程式執行結果為何？
(A) 接收廣播的數字
(B) 接收廣播的文字
(C) 廣播發送數字
(D) 廣播發送文字。

( ) 8. 如右圖三，程式執行結果為何？
(A) 0
(B) –1
(C) 1
(D) 3。

( ) 9. 如右圖四，程式的執行結果為何？
(A) 16
(B) 14
(C) 13
(D) 18。

( ) 10. 如右圖五，程式的敘述何者錯誤？
(A) 廣播發送文字「–」
(B) 發送端的 micro:bit 自動顯示藍牙圖示
(C) 利用藍牙傳遞廣播訊息
(D) 接收廣播文字「–」。

實作題

1. **題目名稱**：摩斯終極密碼戰

   題目說明：請設計猜猜 ASCII 碼。兩人一組，當搖動 micro:bit 時，廣播發送 ASCII 內碼給對方。接收方將接收的 ASCII 碼轉換成文字顯示。

   操作提示 `字集取字 代碼為 0` 從 ASCII 碼中取文字，其中 ASCII 碼 48 代表數字 0，65 代表大寫 A，97 代表小寫 a，如附錄四所示依此類推。

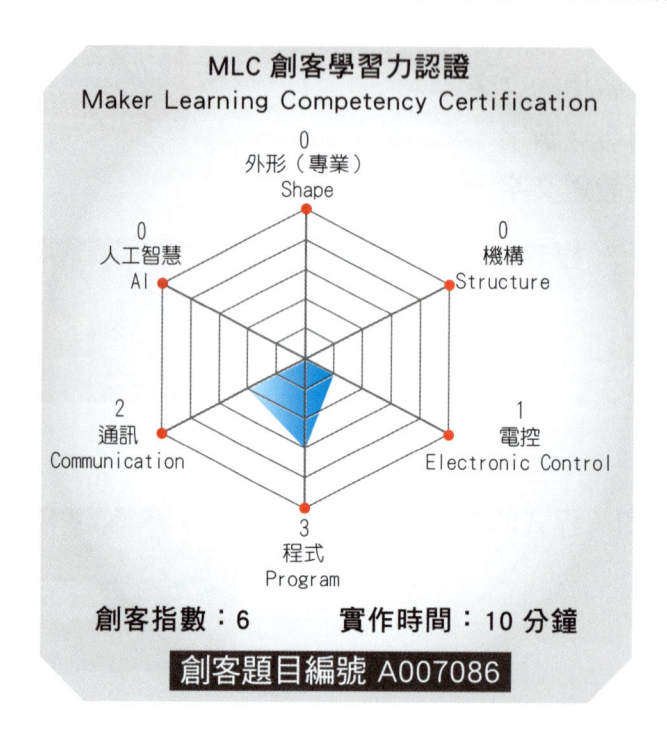

   MLC 創客學習力認證
   Maker Learning Competency Certification

   - 外形（專業） Shape：0
   - 機構 Structure：0
   - 電控 Electronic Control：1
   - 程式 Program：3
   - 通訊 Communication：2
   - 人工智慧 AI：0

   創客指數：6　　實作時間：10 分鐘

   創客題目編號 A007086

2. 兩人一組，當搖動 micro:bit 時，廣播發送文字給對方，讓對方猜總共傳送幾個字。

   操作提示 `"Hello" 的長度` 傳回文字的長度，計算字元數。

Chapter 10
剪刀石頭布

本章將兩人一組玩「剪刀、石頭、布」遊戲，其中玩家 1 廣播剪刀（1）、石頭（2）或布（3）給玩家 2，玩家 2 接收到玩家 1 廣播之後，隨機出拳，再判斷「輸（N）」、「贏（Y）」或「平手（＝）」。

學習目標
1. 能夠理解邏輯布林運算原理。
2. 能夠將變數運用在布林運算。
3. 能夠應用邏輯的「如果—那麼」判斷輸或贏。
4. 能夠設計連線遊戲並判斷結果。

Micro:bit 元件規劃表

Micro:bit 藍牙　　　　Micro USB 連接線 　　　　電池盒與 2 個 AAA 電池（3V）

完成作品

模擬器

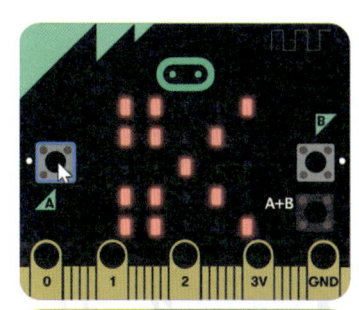

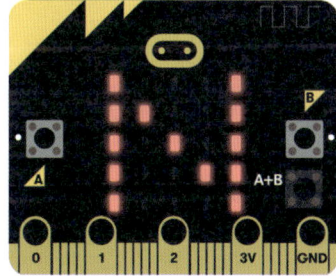

實體

當啟動時
- 廣播群組設為 1

當按鈕 A 被按下
- 變數 玩家1 設為 1
- 廣播 發送數字 1
- 顯示 圖示

當按鈕 B 被按下
- 變數 玩家1 設為 2
- 廣播 發送數字 2
- 顯示 圖示

當按鈕 A+B 被按下
- 變數 玩家1 設為 3
- 廣播 發送數字 3
- 顯示 圖示

當收到廣播數字 receivedNumber
- 變數 list 設為 陣列 1 2 3
- 變數 玩家2 設為 取得 list 的項目值 索引值為 隨機取數 0 到 2
- 如果 玩家2 = 1 那麼
  - 顯示 圖示
- 如果 玩家2 = 2 那麼
  - 顯示 圖示
- 如果 玩家2 = 3 那麼
  - 顯示 圖示
- 暫停 500 毫秒
- 如果 receivedNumber = 1 且 玩家2 = 1 那麼
  - 顯示 文字 "="
- 如果 receivedNumber = 1 且 玩家2 = 2 那麼
  - 顯示 文字 "Y"
- 如果 receivedNumber = 1 且 玩家2 = 3 那麼
  - 顯示 文字 "N"
- 如果 receivedNumber = 2 且 玩家2 = 1 那麼
  - 顯示 文字 "N"
- 如果 receivedNumber = 2 且 玩家2 = 2 那麼
  - 顯示 文字 "="
- 如果 receivedNumber = 2 且 玩家2 = 3 那麼
  - 顯示 文字 "Y"
- 如果 receivedNumber = 3 且 玩家2 = 1 那麼
  - 顯示 文字 "Y"
- 如果 receivedNumber = 3 且 玩家2 = 2 那麼
  - 顯示 文字 "N"
- 如果 receivedNumber = 3 且 玩家2 = 3 那麼
  - 顯示 文字 "="

10-1 邏輯─布林運算

功能	積木	說明
且	`◆ 且▼ ◆`	邏輯布林運算，判斷「左布林運算結果」與「右布林運算結果」是否同時為 true（真）。 傳回布林值： 1.「true」（真）左布林運算結果為 true，而且右布林運算結果為 true。 2.「false」（假）左與右布林運算結果沒有同時為 true。
或	`◆ 或▼ ◆`	邏輯布林運算，判斷「左布林運算結果」與「右布林運算結果」其中一個為 true（真）。 傳回布林值： 1.「true」（真）左布林運算結果為 true，或者右布林運算結果為 true。 2.「false」（假）左與右布林運算結果同時為 false。
不成立	`不成立 ◆`	邏輯布林運算，將布林運算結果為 true（真）改為 false（假），將布林運算結果 false（假）改為 true（真）。
真	`true ▼`	布林值為 true（真）。
假	`false ▼`	布林值為 false（假）。

Chapter 10　剪刀石頭布　171

小試身手 1　比較三個數是否相等
◉ 範例：microbit-ch10-1

請建立 3 個變數，再讓 3 個變數隨機取數之後，比較 3 個數是否相等。

Step 1 開啟瀏覽器，輸入網址 https：//makecode.microbit.org/。

Step 2 點選【新增專案】，輸入專案名稱「ch10-1」，再按【創建】。

Step 3 點按 ▬變數，再按 建立一個變數，輸入新的變數名稱「A」，再按【確定】。重複相同步驟，建立變數「B」與「C」。

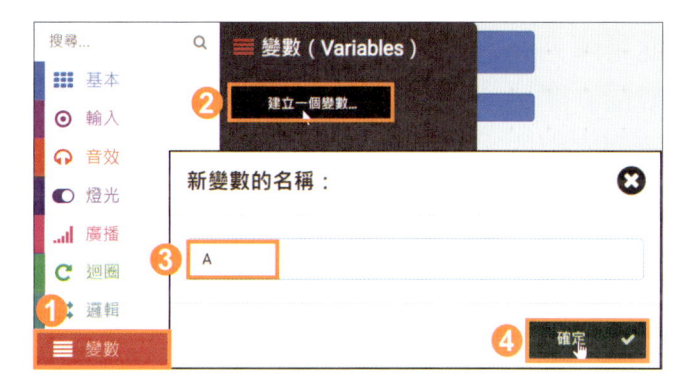

Step 4 點按 ◉輸入、▬變數、▦數學 與 ▦基本，拖曳下圖積木，按下按鈕【A】、【B】或【A+B】時，設定變數【A】、【B】與【C】，在 0～3 之間隨機取一個數，並顯示該數。

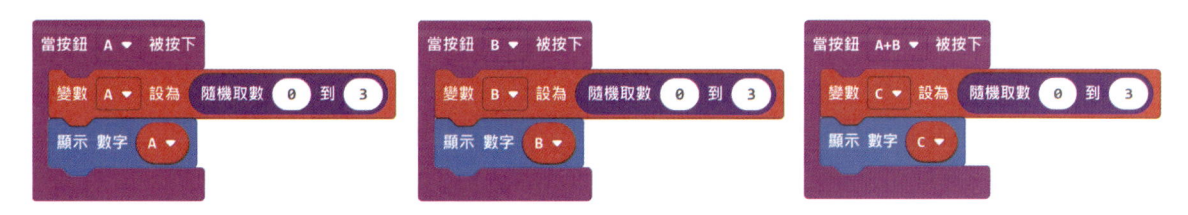

Step 5 點按 ⇄邏輯，拖曳下圖積木，當按下按鈕【A+B】時，如果「A=B」且「B=C」，表示「A=B=C」顯示「✓」，否則顯示「✗」。

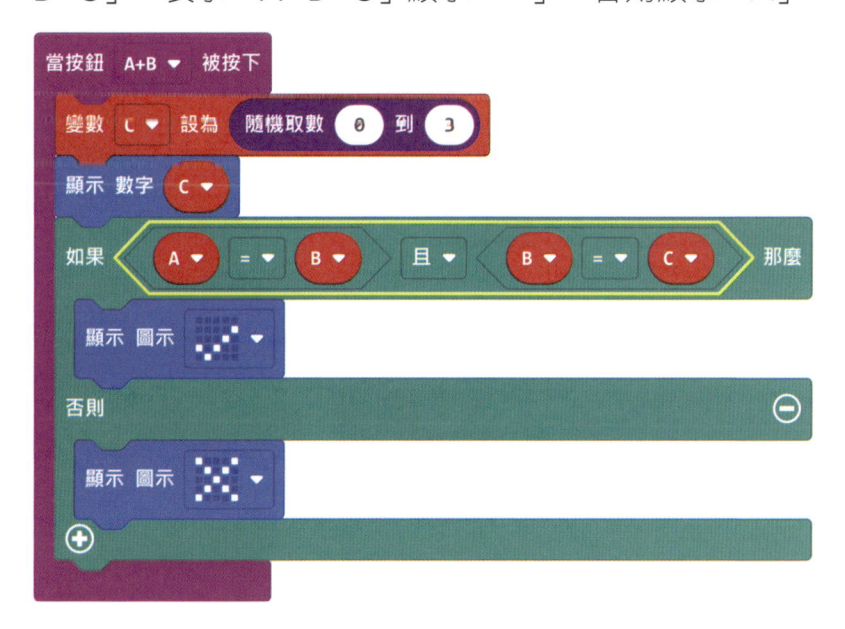

10-2 陣列

陣列類似大型資料庫，在資料庫中每一筆資料都有編號及對應的名稱。其中「編號」就是陣列的「索引」，索引編號從 0 開始，而「名稱」就是陣列索引的「值」。例如班級的名單中包含「座號」與「姓名」，其中「座號」屬於數字陣列，「姓名」屬於文字陣列，座號陣列第 0 個索引的值為「1」，而姓名第 0 個索引的值為「Andy」。

101 班級名單		
陣列索引	座號	姓名
0	1	Andy
1	2	Betty
2	3	Cindy

- 陣列名稱
- 第 0 個索引的值

將座號與姓名以陣列表示如下。

座號 數字陣列

座號陣列中，第 0 個索引的值為 1，第 1 個索引的值為 2，…依此類推。

姓名 文字陣列

姓名陣列中，第 0 個索引的值為 Andy，第 1 個索引的值為 Betty，…依此類推。

陣列 積木相關功能如下所述。

功能		積木	說明
新增	數字	變數 list 設為 陣列 0 1	建立數字陣列。
		⊖	減少陣列的個數。
		⊕	增加陣列的個數。
	文字	變數 text list 設為 陣列 "a" "b" "c"	建立文字陣列。
	自訂	空陣列 ⊕	自訂陣列。

功能		積木	說明
讀取	計算長度	list ▼ 的長度	傳回陣列的長度，總共有幾筆資料項。
	傳回值	取得 list ▼ 的項目值 索引值為 0 取得第一個值自 list ▼	傳回陣列中第 0 個索引的值。
	傳回並移除	list ▼ get and remove value at 0	傳回陣列第 0 個索引的值，並刪除第 0 個索引的值。
	傳回並移除	取得並移除最末項自 list ▼	傳回陣列最後一個索引的值，並刪除最後一個索引的值。
編輯	設定	設定 list ▼ 的項目值 索引值為 0 項目值設為	將陣列第 0 個索引的值設為 ▇（數字或文字）。
	新增	添加到 list ▼ 索引值設為最後面 項目值設為	在陣列的最後一個資料項，新增一個值 ▇（數字或文字）。
	刪除	從 list ▼ 中移除最後一個值	刪除陣列最後一個資料項。
		從 list ▼ 中移除第一個值	刪除陣列第一個資料項。
	傳回值	插入到 list ▼ 索引值設為最前面 項目值設為	在陣列的最前面位置插入一個值 ▇（數字或文字），並傳回陣列長度。
	插入	插入到 list ▼ 索引值設為最前面 項目值設為	在陣列的最前面位置插入一個值 ▇（數字或文字）。
	隨機插入	插入到 list ▼ 索引值設為 0 項目值設為	在陣列的第 ▇ 個索引，插入一個值 0（數字或文字）。
	刪除	list ▼ remove value at 0	刪除陣列中第 0 個索引位置的資料值。
運算	搜尋	取得 list ▼ 裡 項目 ▇ 的索引值	在陣列中搜尋資料 ▇ 的索引值。
	反向排列	反轉 list ▼	將陣列中的資料項反向排列，第 0 個索引位置的資料值排到最後一個索引位置。

小試身手 2　隨機存取陣列名稱

◉ 範例：microbit-ch10-2

請先建立文字陣列，再從陣列中隨機取一個值。

Step 1 點擊 ⬤micro:bit 或 🏠主頁，回到 makecode 主頁。點選【新增專案】，輸入專案名稱「ch10-2」，再按【創建】。

Step 2 點按 ⬤輸入 與 ☰陣列，拖曳 變數 text list 設為 陣列 "a" "b" "c" ⊖ ⊕ 。

Step 3 點按 ⊕，新增「d」與「e」兩個陣列。

Step 4 點按 ⬤輸入、⏹基本、▦數學 與 ☰陣列，當晃動 micro:bit 時，在「text list」文字陣列中，從 0～4 隨機取一個索引值（a～e）。

Step 5 按下按鈕【A】，設定陣列（text list）「a～e」的值，再點按 ⬤SHAKE 檢查是否隨機出現 a～e 字母。

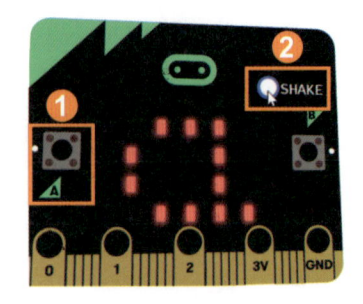

Chapter 10　剪刀石頭布

Micro:bit 一點通

1. 文字陣列內容僅限 ASCII 碼數字或英文字，如附錄四。
2. 陣列有 a～e，5 個資料項，索引值從 0 開始，所以隨機取數範圍從 0～4，索引編號與索引值如右表。

陣列名稱：text list	
索引編號	索引值
0	a
1	b
2	c
3	d
4	e

10-3　剪刀石頭布情境與流程規劃

本章將兩人一組，玩「剪刀、石頭、布」遊戲，其中玩家 1 按下按鈕【A】、【B】或【A+B】廣播「1」（剪刀）、「2」（石頭）或「3」（布）給玩家 2。玩家 2 接收到玩家 1 的廣播之後，隨機出拳，再判斷「輸（N）」、「贏（Y）」或「平手（＝）」。

一、玩家出拳之情境解析與執行流程

玩家 1	玩家 2
玩家 1 按下按鈕【A】、【B】或【A+B】，開始出拳。	玩家 2 隨機出拳。
1.按下按鈕【A】 ・將變數「玩家 1」設定為「1」。 ・廣播發送數字「1」。 ・顯示「剪刀」圖示。	1. 接收到玩家 1 發送的數字廣播 ・將數字陣列「list」設定為 1，2，3。 ・變數「玩家 2」設定從 list 陣列 0 到 2 索引中隨機取值。

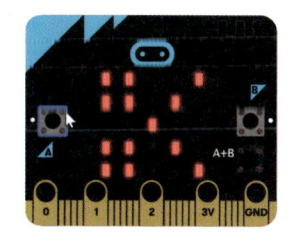

2.按下按鈕【B】

- 將變數「玩家1」設定為「2」。
- 廣播發送數字「2」。
- 顯示「石頭」圖示。

3.按下按鈕【A+B】

- 將變數「玩家1」設定為「3」。
- 廣播發送數字「3」。
- 顯示「布」圖示。

2. 如果變數「玩家2」= 1
   - 顯示「剪刀」圖示。
3. 如果「玩家2」= 2
   - 顯示「石頭」圖示。
4. 如果「玩家2」= 3
   - 顯示「布」圖示。

玩家 1 執行流程

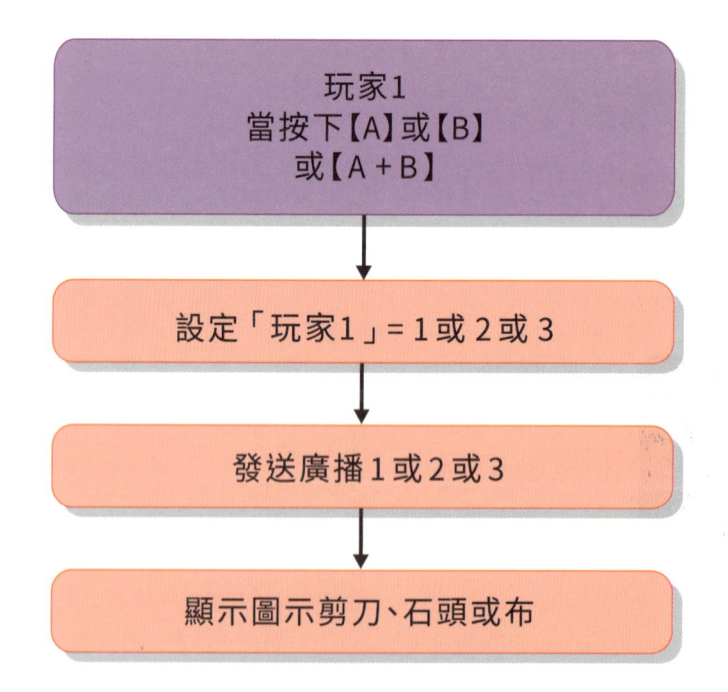

玩家1
當按下【A】或【B】
或【A＋B】

↓

設定「玩家1」= 1 或 2 或 3

↓

發送廣播 1 或 2 或 3

↓

顯示圖示剪刀、石頭或布

玩家 2 執行流程

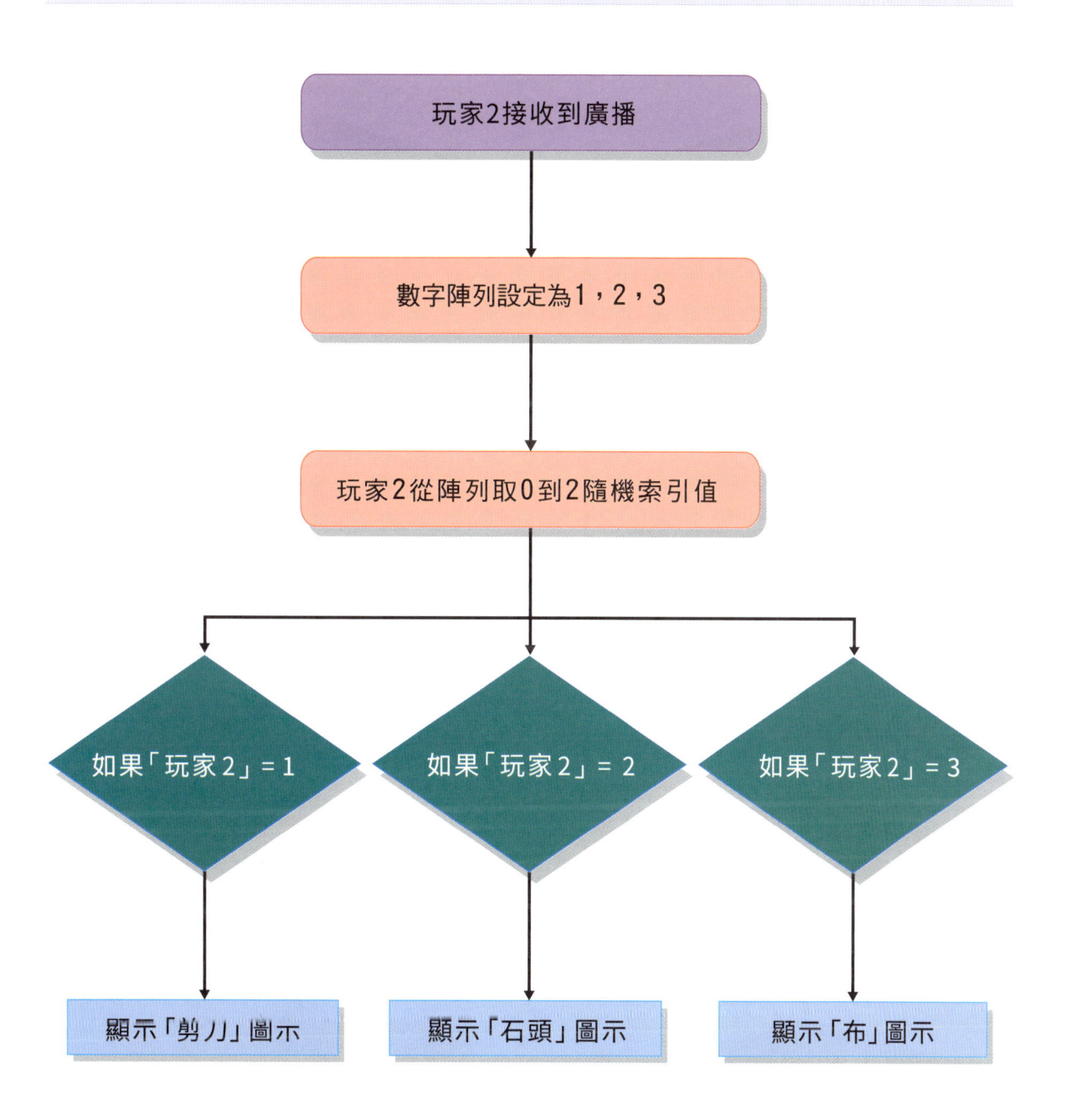

```
玩家2接收到廣播
       ↓
數字陣列設定為 1,2,3
       ↓
玩家2從陣列取0到2隨機索引值
   ↓       ↓       ↓
如果「玩家2」=1  如果「玩家2」=2  如果「玩家2」=3
   ↓       ↓       ↓
顯示「剪刀」圖示  顯示「石頭」圖示  顯示「布」圖示
```

二、玩家 2 判斷結果執行流程

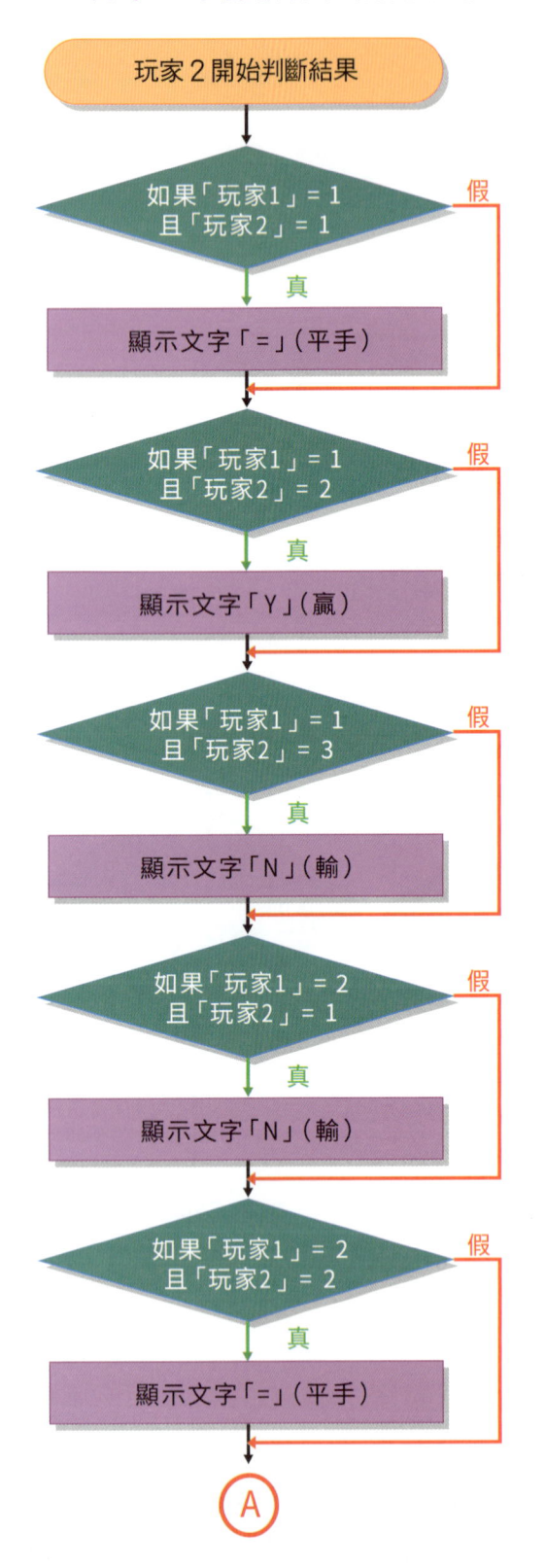

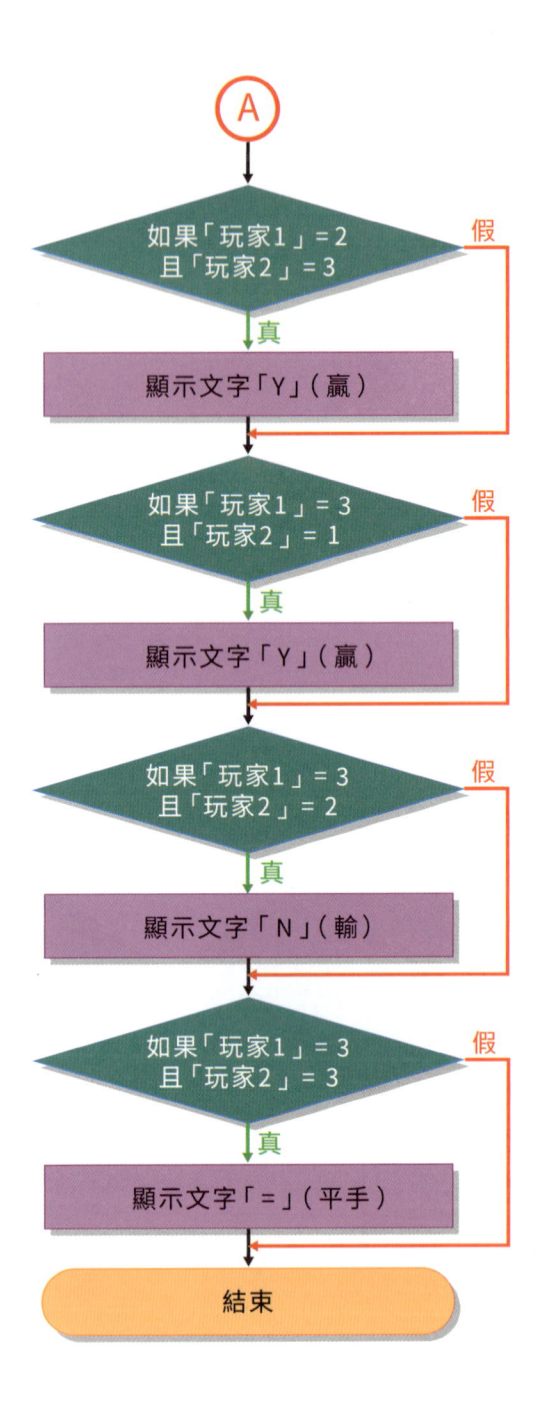

```
玩家2開始判斷結果
        ↓
如果「玩家1」= 1 且「玩家2」= 1  ──假──┐
        ↓真                              │
顯示文字「=」(平手)                      │
        ↓←──────────────────────────────┘
如果「玩家1」= 1 且「玩家2」= 2  ──假──┐
        ↓真                              │
顯示文字「Y」(贏)                        │
        ↓←──────────────────────────────┘
如果「玩家1」= 1 且「玩家2」= 3  ──假──┐
        ↓真                              │
顯示文字「N」(輸)                        │
        ↓←──────────────────────────────┘
如果「玩家1」= 2 且「玩家2」= 1  ──假──┐
        ↓真                              │
顯示文字「N」(輸)                        │
        ↓←──────────────────────────────┘
如果「玩家1」= 2 且「玩家2」= 2  ──假──┐
        ↓真                              │
顯示文字「=」(平手)                      │
        ↓←──────────────────────────────┘
        A
```

```
        A
        ↓
如果「玩家1」= 2 且「玩家2」= 3  ──假──┐
        ↓真                              │
顯示文字「Y」(贏)                        │
        ↓←──────────────────────────────┘
如果「玩家1」= 3 且「玩家2」= 1  ──假──┐
        ↓真                              │
顯示文字「Y」(贏)                        │
        ↓←──────────────────────────────┘
如果「玩家1」= 3 且「玩家2」= 2  ──假──┐
        ↓真                              │
顯示文字「N」(輸)                        │
        ↓←──────────────────────────────┘
如果「玩家1」= 3 且「玩家2」= 3  ──假──┐
        ↓真                              │
顯示文字「=」(平手)                      │
        ↓←──────────────────────────────┘
       結束
```

10-4　玩家 1 按下按鈕出拳

玩家 1 按下按鈕發送廣播數字給玩家 2，有三種方式：

1. 按下按鈕【A】，將變數「玩家 1」設定為「1」、廣播發送數字「1」、顯示「剪刀」圖示。
2. 按下按鈕【B】，將變數「玩家 1」設定為「2」、廣播發送數字「2」、顯示「石頭」圖示。
3. 按下按鈕【A+B】，將變數「玩家 1」設定為「3」、廣播發送數字「3」、顯示「布」圖示。

程式設計運算思維

1. 按下按鈕決定剪刀、石頭或布

　使用 [當按鈕 A ▼ 被按下]，按下按鈕【A】、【B】或【A+B】啟動程式執行。

2. 玩家 1 每次出拳都在 1 到 3 之間變化，需要一個變數儲存玩家 1 的值

　使用 [建立一個變數]，建立一個變數「玩家 1」，暫存玩家 1 的數值。

3. 玩家 1 如何傳送 1 剪刀、2 石頭、3 布的選項給玩家 2？

　玩家 1 發送的 1，2，3 屬於數字，使用 [廣播 發送數字 0] 發送數字廣播給玩家 2。

4. 玩家 1 顯示剪刀、石頭與布圖示

　使用 [顯示 圖示] 內建剪刀、石頭或布的圖示或使用 [顯示 指示燈] 點亮指示燈。

動手實作

請以兩個 micro:bit 為一組，分別設定玩家 1 廣播發送端 micro:bit A 與玩家 2 廣播接收端 micro:bit B，並設定各別的廣播群組 id。

Step 1 點擊 micro:bit 或 主頁，回到 makecode 主頁。點選【新增專案】，輸入專案名稱「ch10」，再按【創建】。

Step 2 點按 變數，再按 建立一個變數，輸入新的變數名稱「玩家 1」，再按【確定】。重複步驟，建立變數「玩家 2」。

Step 3 點按 基本 與 廣播，拖曳右圖積木，啟動 micro:bit 時，將廣播群組設定為 1。

Step 4 點按 輸入、變數、基本 與 廣播，拖曳右圖積木，按下按鈕【A】、變數「玩家 1」設定為「1」、廣播發送「1」並顯示圖示「剪刀」。

Step 5 點按 輸入、變數、基本 與 廣播，拖曳右圖積木，按下按鈕【B】、變數「玩家 1」設定為「2」、廣播發送「2」並顯示圖示「剪刀」。

Step 6 點按 輸入、變數、基本 與 廣播，拖曳右圖積木，按下按鈕【A+B】、變數「玩家 1」設定為「3」、廣播發送「3」並顯示圖示「布」。

Step 7 按下按鈕【A】、【B】與【A+B】，檢查「剪刀」、「石頭」、「布」的圖示是否正確。

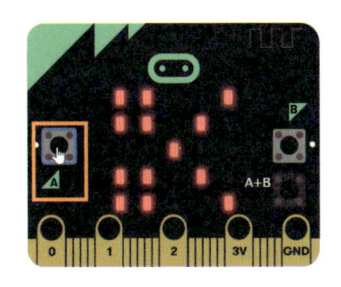

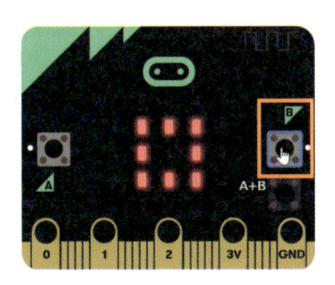

10-5　玩家 2 隨機出拳

玩家 2 收到玩家 1 發送的數字廣播開始執行下列程式：

1. 將數字陣列「list」設定為 1，2，3；變數「玩家 2」設定從 list 陣列 0 到 2 索引中隨機取值。

2. 如果變數「玩家 2」= 1、顯示「剪刀」圖示；如果「玩家 2」= 2、顯示「石頭」圖示；如果「玩家 2」= 3、顯示「布」圖示。

程式設計運算思維

問題	解法
1. 玩家 2 如何接收玩家 1 發送的數字廣播？	使用 `當收到廣播數字 receivedNumber` 接收數字廣播。
2. 玩家 2 要在 1～3 點之間隨機選一個數	利用數字陣列 `變數 list▼ 設為 陣列 0 1 ⊖ ⊕`，建立數字陣列 1，2，3。
3. 玩家 2 如何在陣列中隨機取值？	使用 `隨機取數 0 到 10` 在 0～2 之間隨機選一個數，並利用 `取得 list▼ 裡 項目 的索引值` 陣列中取索引 0～2 的值。
4. 玩家 2 每次出拳隨機取出的值 1～3 之間變化。需要一個變數儲存玩家 2 的值	使用 `建立一個變數`，建立一個變數「玩家 2」，暫存玩家 2 的數值。

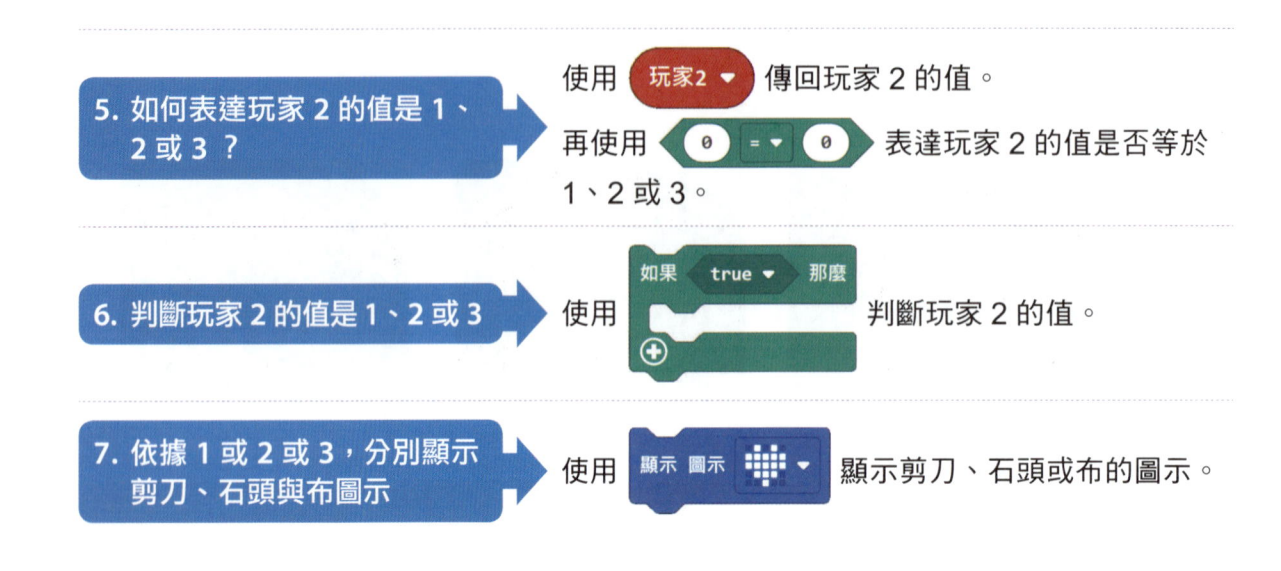

5. 如何表達玩家 2 的值是 1、2 或 3？

使用 `玩家2` 傳回玩家 2 的值。

再使用 `0 = 0` 表達玩家 2 的值是否等於 1、2 或 3。

6. 判斷玩家 2 的值是 1、2 或 3

使用 `如果 true 那麼` 判斷玩家 2 的值。

7. 依據 1 或 2 或 3，分別顯示剪刀、石頭與布圖示

使用 `顯示 圖示` 顯示剪刀、石頭或布的圖示。

動手實作

Step 1 點按 `廣播` 與 `陣列`，拖曳下圖積木，建立數字陣列（list）1，2，3。

```
當收到廣播數字 receivedNumber
    變數 list ▼ 設為 陣列 1 2 3 ⊖ ⊕
```

Step 2 點按 `變數`、`數學` 與 `陣列`，將變數「玩家 2」的值設定在陣列 0～2 索引中取 1～3 的值。

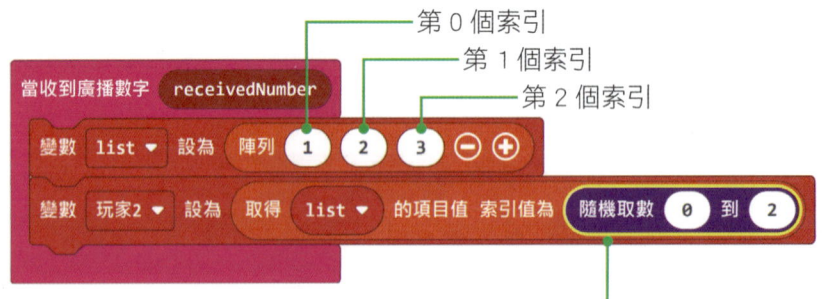

```
當收到廣播數字 receivedNumber
    變數 list ▼ 設為 陣列 1 2 3 ⊖ ⊕
         第 0 個索引
         第 1 個索引
         第 2 個索引
    變數 玩家2 ▼ 設為 取得 list ▼ 的項目值 索引值為 隨機取數 0 到 2
```

取 0～2 的索引值，結果為 1～3

Chapter 10　剪刀石頭布

Step 3 點按 **邏輯**、**變數** 與 **基本**，拖曳右圖積木「玩家 2」= 1、顯示「剪刀」；如果「玩家 2」= 2、顯示「石頭」；如果「玩家 2」= 3、顯示「布」。

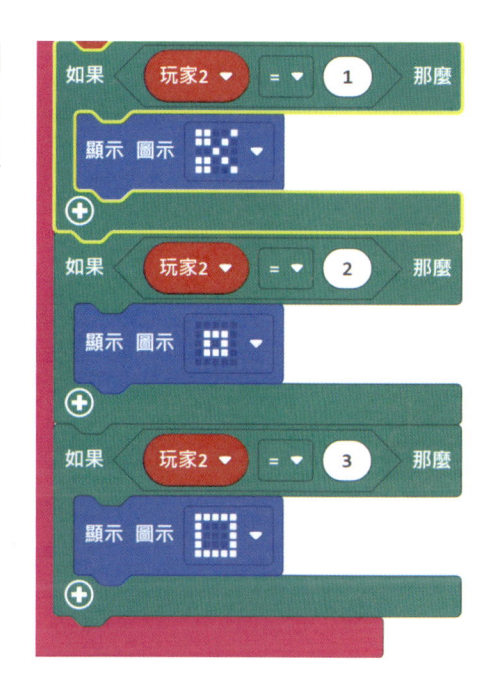

10-6　玩家 2 判斷結果

玩家 2 針對玩家 1 出拳時可能的 9 種組合，判斷結果。

程式設計運算思維

1. 玩家 2 如何知道玩家 1 出哪一個拳	玩家 1 的變數值 1～3，以廣播發送給玩家 2 時，玩家 1 的數值存在 `receivedNumber`（收到的數字）積木中。
2. 當玩家 1 出拳 1 剪刀且玩家 2 出拳也是 1 剪刀時，表達所有的組合方式	使用 `receivedNumber` 表達玩家 2 收到玩家 1 發送的數值。 再使用 `玩家2` 表達玩家 2 隨機的數值。 最後以布林運算 `且` 判斷玩家 1 = 1 且玩家 2 = 1 的值相同才為真。
3. 判斷玩家 1 與玩家 2 出拳的 9 種組合	使用 `如果 true 那麼` 判斷 9 種組合的結果。
4. 顯示判斷結果是「贏（Y）」、「輸（N）」或「平手（=）」	使用 `顯示 文字 "Hello!"` 顯示結果「Y」、「N」或「=」文字。

一、玩家 1 出剪刀

玩家 1 出剪刀時，以玩家 2 的觀點判斷可能的結果如下所述。

玩家 1	玩家 2	玩家 2 顯示結果
1（剪刀）	1（剪刀）	平手（＝）
1（剪刀）	2（石頭）	贏（Y）
1（剪刀）	3（布）	輸（N）

Step 1 將積木組合在 10-5 節，玩家 2 顯示圖示下方。

Step 2 點按 `基本`，拖曳 `暫停 100 毫秒`，點選【500 毫秒】，控制程式顯示結果的時間。

Step 3 拖曳下圖積木，如果玩家 1 出剪刀，玩家 2 可能出剪刀、石頭或布的結果。

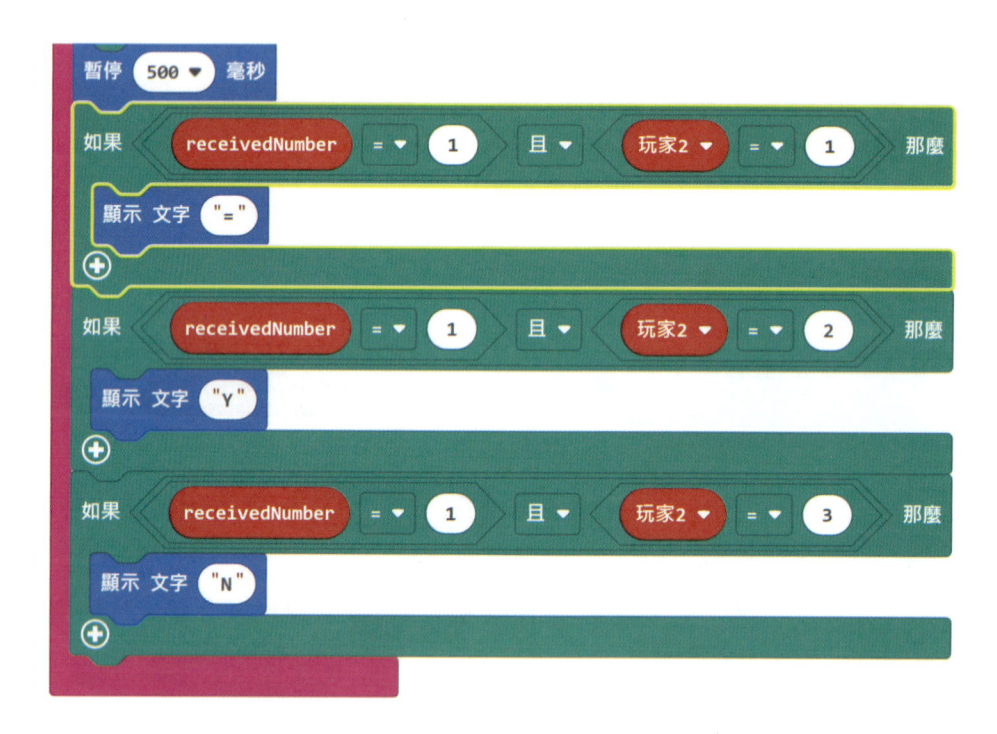

```
暫停 500 毫秒
如果 receivedNumber = 1 且 玩家2 = 1 那麼
    顯示 文字 "="
如果 receivedNumber = 1 且 玩家2 = 2 那麼
    顯示 文字 "Y"
如果 receivedNumber = 1 且 玩家2 = 3 那麼
    顯示 文字 "N"
```

二、玩家 1 出石頭

玩家 1 出石頭時，以玩家 2 的觀點判斷可能的結果如下所述。

玩家 1	玩家 2	玩家 2 顯示結果
2（石頭）	1（剪刀）	輸（N）
2（石頭）	2（石頭）	平手（=）
2（石頭）	3（布）	贏（Y）

Step 4 將積木組合在上一個步驟下方，拖曳下圖積木，如果玩家 1 出石頭，玩家 2 可能出剪刀、石頭或布的結果。

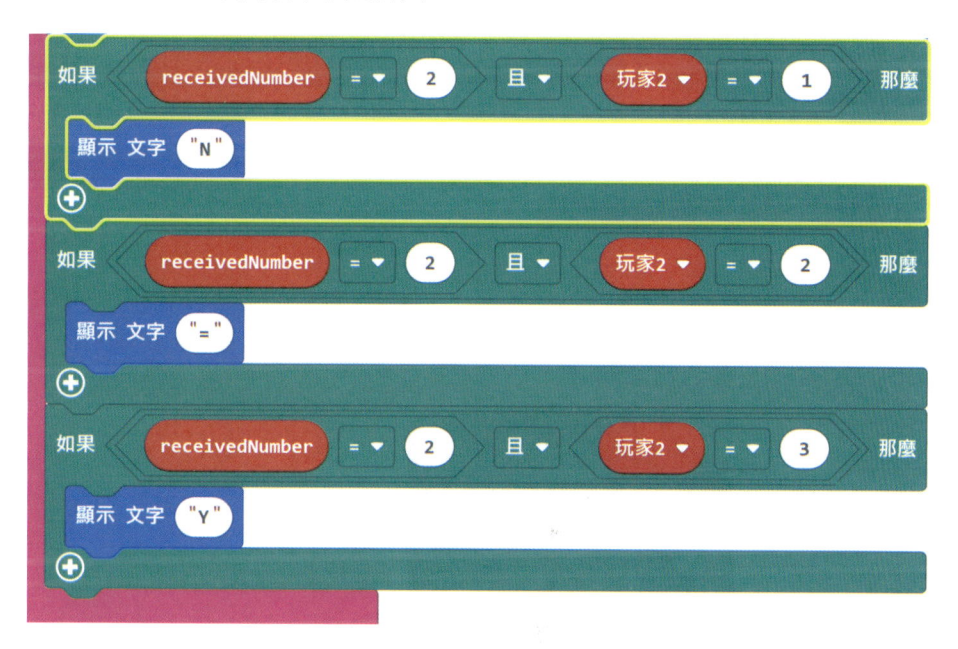

```
如果 receivedNumber = 2 且 玩家2 = 1 那麼
    顯示 文字 "N"

如果 receivedNumber = 2 且 玩家2 = 2 那麼
    顯示 文字 "="

如果 receivedNumber = 2 且 玩家2 = 3 那麼
    顯示 文字 "Y"
```

三、玩家 1 出布

玩家 1 出布時，以玩家 2 的觀點判斷可能的結果如下所述。

玩家 1	玩家 2	玩家 2 顯示結果
3（布）	1（剪刀）	贏（Y）
3（布）	2（石頭）	輸（N）
3（布）	3（布）	平手（=）

Step 5 將積木組合在上一個步驟下方，拖曳下圖積木，如果玩家 1 出布，玩家 2 可能出剪刀、石頭或布的結果。

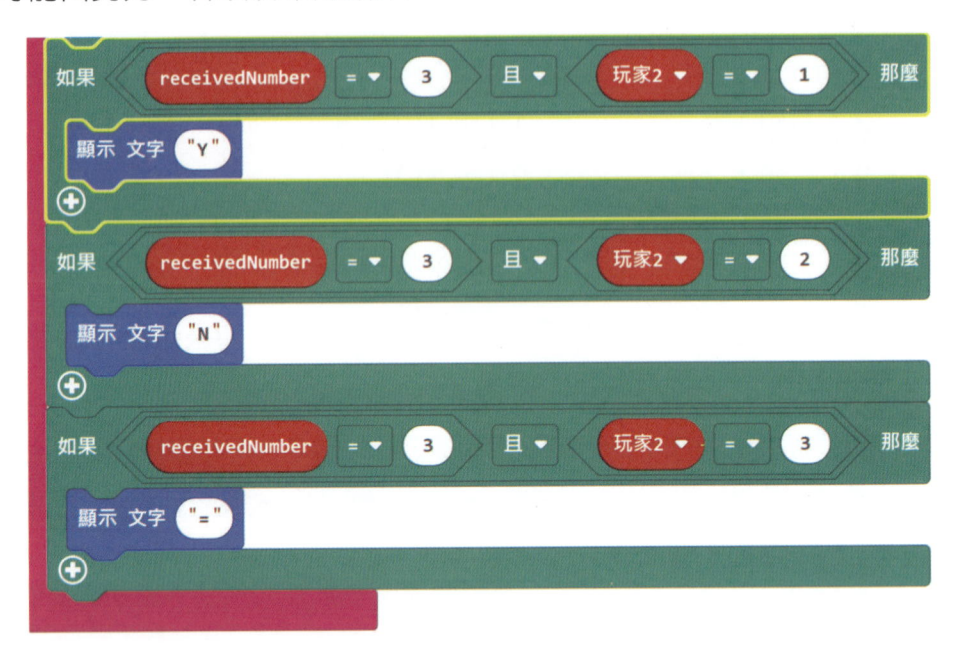

```
如果 receivedNumber = 3 且 玩家2 = 1 那麼
    顯示 文字 "Y"

如果 receivedNumber = 3 且 玩家2 = 2 那麼
    顯示 文字 "N"

如果 receivedNumber = 3 且 玩家2 = 3 那麼
    顯示 文字 "="
```

Step 6 點按 micro:bit 模擬器上的按鈕【A】、【B】或【A+B】，檢查接收端的 micro:bit，是否隨機出拳，並判斷結果。

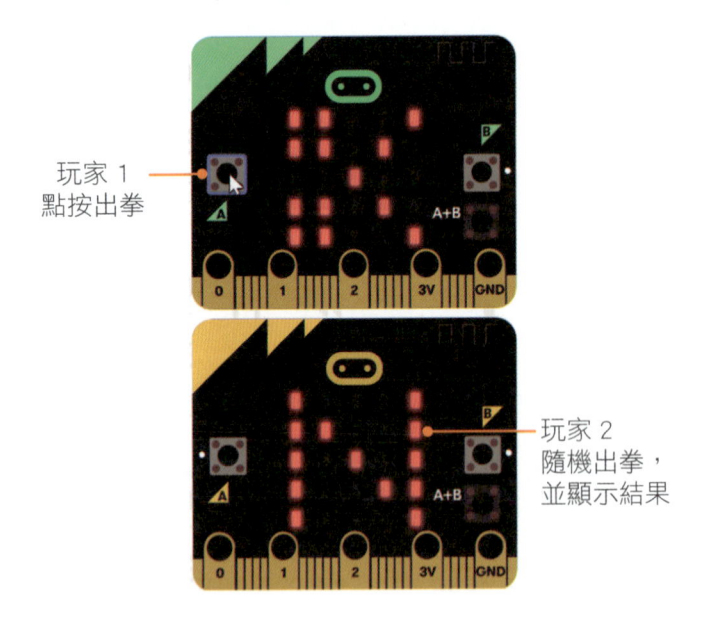

玩家 1
點按出拳

玩家 2
隨機出拳，
並顯示結果

10-7　Micro:bit 剪刀石頭布遊戲機

連接 micro:bit 與電腦、儲存檔案並配對 micro:bit，將檔案下載到多個 micro:bit。

Step 1 點擊 💾【儲存】與 ⋯【Connected to micro:bit】，進行 micro:bit 裝置配對。

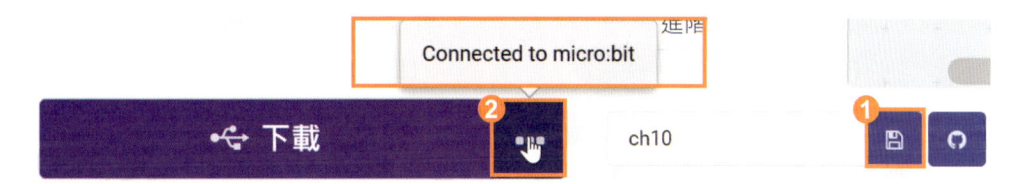

Step 2 點擊 ⬩下載 或 ⋯ 更多選項的【Download to micro:bit】，下載程式到 micro:bit。

Step 3 點按實體 Micor:bit 檢查結果是否與模擬器相同。

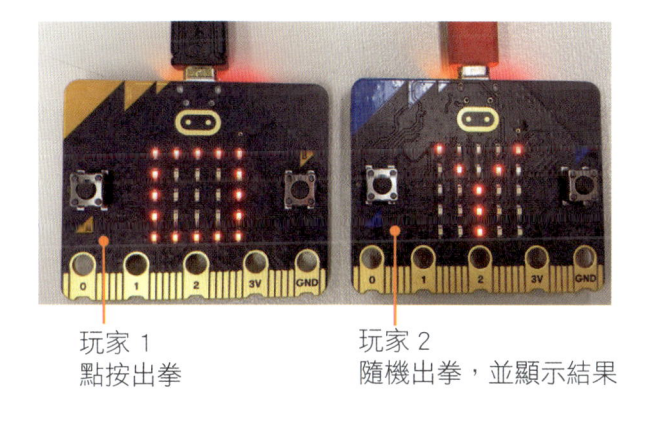

玩家 1
點按出拳

玩家 2
隨機出拳，並顯示結果

實力評量

選擇題

(　　) 1. 下列哪一個布林運算能夠將「真」改為「假」？
   (A) 或　　(B) 不成立
   (C) 且　　(D) true 。

(　　) 2. 陣列中第一筆資料的「索引值」為何？
   (A) 0　(B) 1　(C) –1　(D) 隨機索引。

(　　) 3. 如果想要建立數字陣列，應該使用下列哪一個積木？
   (A) 變數 text list 設為 陣列 "a" "b" "c"
   (B) list 的長度
   (C) 取得第一個值自 list
   (D) 變數 list 設為 陣列 0 1 。

(　　) 4. 如右圖一，「且」的布林運算結果為何？
   (A) Y
   (B) N
   (C) 先 Y 再 N。

圖一

(　　) 5. 下列何者<u>不</u>屬於布林運算？
   (A) 不成立
   (B) 且
   (C) 0 = 0
   (D) 或 。

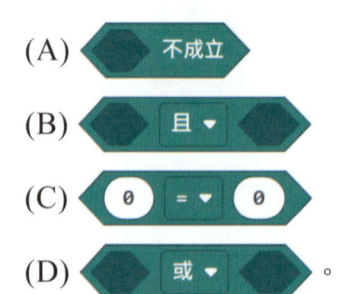

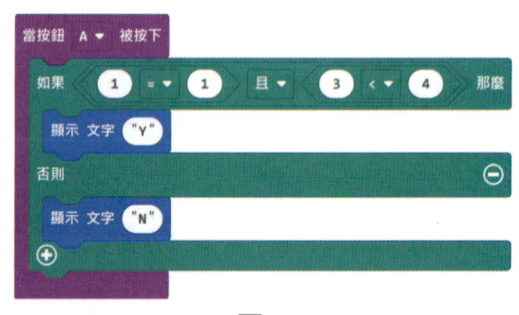

(　　) 6. 如右圖二，1 剪刀、2 石頭、3 布，如果兩個玩家都出「布」，程式會顯示哪一個數字？
 (A) Y
 (B) N
 (C) =
 (D) YN=。

圖二

(　　) 7. 如右圖三，下列敘述何者正確？
 (A) 屬於文字陣列
 (B) 陣列索引 0 的值為 a
 (C) 陣列的長度為 5
 (D) 以上皆是。

圖三

圖四

(　　) 8. 續接上題，建立陣列後，右圖四中程式的執行結果為何？
 (A) 在 0～4 隨機取一個數　　(B) 在 a～e 隨機顯示一個字
 (C) 顯示 a　　(D) 顯示 0，1，2，3，4。

(　　) 9. 下列關於陣列功能敘述，何者錯誤？
 (A) 傳回索引 0 的值
 (B) 在陣列中搜尋資料的索引值
 (C) 計算陣列總共有幾個資料項目
 (D) 在陣列第 1 個索引插入資料。

(　　) 10. 如右圖五，下列敘述何者錯誤？
 (A) 玩家 1 利用廣播發送數字
 (B) 玩家 2 收到廣播的數字為 receivedNumber
 (C) 玩家 1 顯示剪刀圖示
 (D) 右圖五中，玩家 1 能夠發送廣播也能夠接收廣播。

圖五

實作題

1. **題目名稱**：剪刀石頭布
   題目說明：請利用陣列，計算玩家 2 贏的次數。

   (1) 建立一個變數「win」，程式開始時將變數「win」設定為創建的數字陣列。

   (2) 當玩家 2 贏時，「將 1 新增到 win 陣列結尾」。

   (3) 當 logo 比較高或比較低時，顯示「陣列 win 項目數」的數字。

   操作提示：程式開始時執行、`list` 的長度 計算陣列的個數、

   添加到 `list` 索引值設為最後面 項目值設為 將資料項目新增到陣列結尾。

   創客指數：8　　實作時間：30 分鐘
   創客題目編號 A007087

2. 請利用陣列設計搖搖樂，比較搖動的次數。

   (1) 建立一個變數「次數」、當按下按鈕【A】時，將變數「次數」設定為創建的數字陣列 1。

   (2) 當搖動 micro:bit 時，將「次數」新增到陣列結尾，表示已搖動一次、顯示「次數」陣列的項目數，利用項目數計算搖動的次數。

附錄

一、習題解答

二、micro:bit 積木功能總表

三、本書使用元件總表

四、ASCII 碼

五、摩斯碼字元表

六、指南針圖片

一、習題解答

Chapter 1

小試身手 4　P13

下列 micro:bit 元件屬於微型電腦的哪一個功能，請將下列 A～D 代碼填入元件中：(A) 輸入；(B) 處理器；(C) 記憶單元；(D) 輸出。

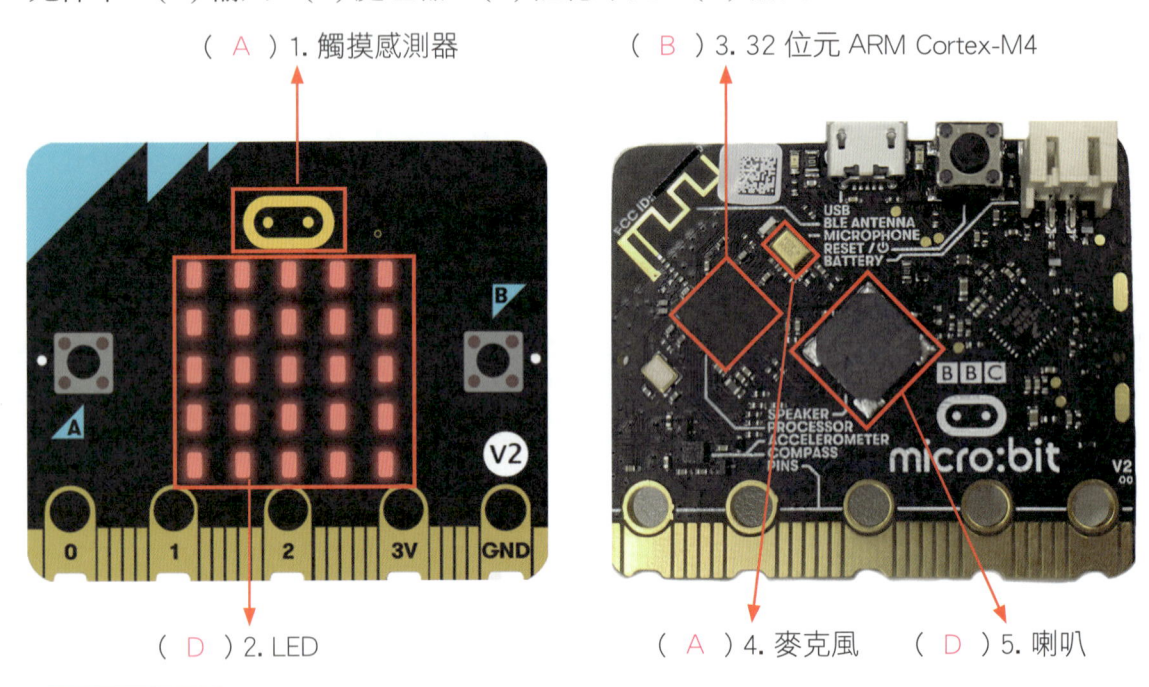

(A) 1. 觸摸感測器　　　　(B) 3. 32 位元 ARM Cortex-M4

(D) 2. LED　　　　(A) 4. 麥克風　　(D) 5. 喇叭

實力評量　P27

填充題

1. 請將 micro:bit 組成元件代碼填入下圖中：
   (A) 觸摸感測器　(B) 3V 電池腳位　(C) 處理器　(D) 麥克風　(E) 加速度感測器。

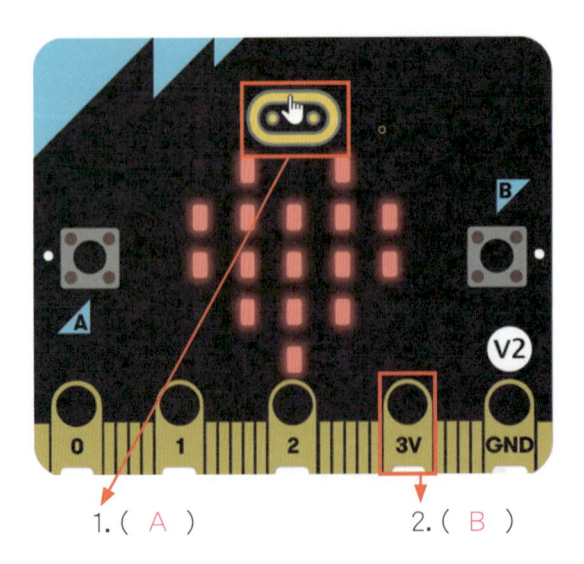

1. (A)　　2. (B)　　3. (E)　　4. (C)　　5. (D)

實作題

1. 請以輸入積木設計程式「當按住 logo，顯示愛心圖示」。

   解答：

2. 請將手機藍牙與 micro:bit 藍牙配對、利用手機設計程式「當按下按鈕【B】，在班級人數，例如 1 到 25 號之間隨機取一個號碼」、儲存檔案，再將程式下載到 micro:bit 執行結果。

   解答：

Chapter 2

實力評量　P47

選擇題

1	2	3	4	5	6	7	8	9	10
A	D	C	B	B	D	D	A	B	C

實作題

1. 請設計按下按鈕【A】，讓 LED 顯示「I LOVE YOU520」跑馬燈 3 次。
   操作提示：先判斷「I LOVE YOU520」屬於文字或數字。

解答：

[程式積木：當按鈕 A 被按下／重複 3 次執行／顯示 文字 "I LOVE YOU 520"]

2. 請設計按下按鈕【B】「閃爍」愛心圖示 3 次之後不關 LED，永遠顯示愛心圖示。
   操作提示：重複執行 3 次之後再顯示圖示。
   解答：

[程式積木：當按鈕 B 被按下／重複 3 次執行／顯示 圖示 愛心／暫停 100 毫秒／顯示 指示燈（全暗）／顯示 圖示 愛心]

Chapter 3

實力評量　P63

選擇題

1	2	3	4	5	6	7	8	9	10
D	A	B	C	A	B	C	A	A	D

實作題

1. 請利用「當按下按鈕【B】」設計重複演奏音階歌曲 2 次，再將設計完成的歌下載到 micro:bit。當按下電腦模擬器及 micro:bit 按鈕【B】時，電腦喇叭與蜂鳴器同時播放歌曲。

   解答：

2. 續接實作 1，請利用「當音階演奏發生」積木，在演奏歌曲時 LED 顯示圖片動畫。

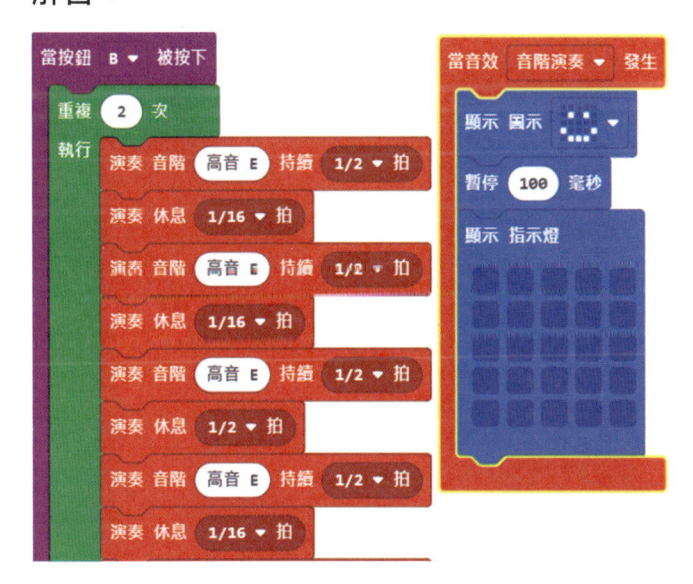

   解答：

Chapter 4

實力評量 P79

選擇題

1	2	3	4	5	6	7	8	9	10
C	B	B	B	C	D	A	B	A	D

實作題

1. 請利顯示圖片積木，當溫度大於 25 度時顯示圖示，並讓馬達運轉。

   解答：

2. 請改寫，如果「溫度沒有大於 25 度顯示愛心圖示」，如果「溫度大於 25 度時顯示生氣圖示，並讓馬達運轉」。

   解答：

Chapter 5

實力評量 P95

選擇題

1	2	3	4	5	6	7	8	9	10
A	D	C	D	D	A	A	A	C	A

實作題

1. 請利用 `顯示 箭頭 箭頭數字 北` 顯示箭頭的圖示，設計指南針顯示的方位。

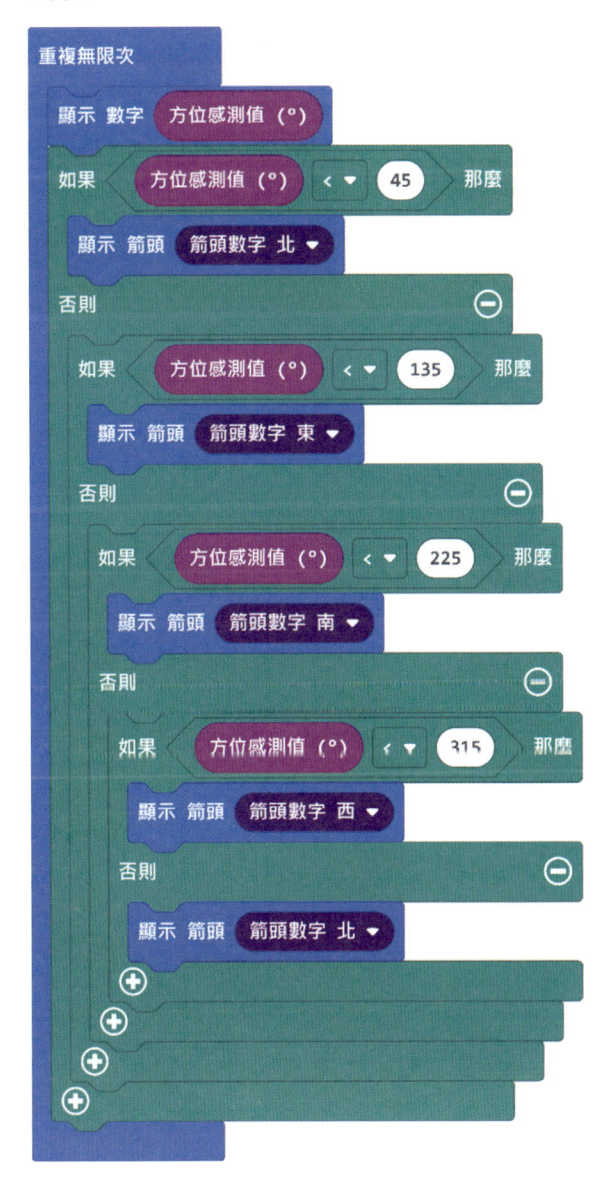

解答：

```
重複無限次
    顯示 數字 方位感測值 (°)
    如果 方位感測值 (°) < 45 那麼
        顯示 箭頭 箭頭數字 北
    否則
        如果 方位感測值 (°) < 135 那麼
            顯示 箭頭 箭頭數字 東
        否則
            如果 方位感測值 (°) < 225 那麼
                顯示 箭頭 箭頭數字 南
            否則
                如果 方位感測值 (°) < 315 那麼
                    顯示 箭頭 箭頭數字 西
                否則
                    顯示 箭頭 箭頭數字 北
```

2. 請利用 [如果 true 那麼 否則] 改寫程式。如果「溫度大於 25 度時顯示生氣圖示，並讓馬達運轉」，否則，如果「溫度沒有大於 25 度顯示愛心圖示」。

解答：

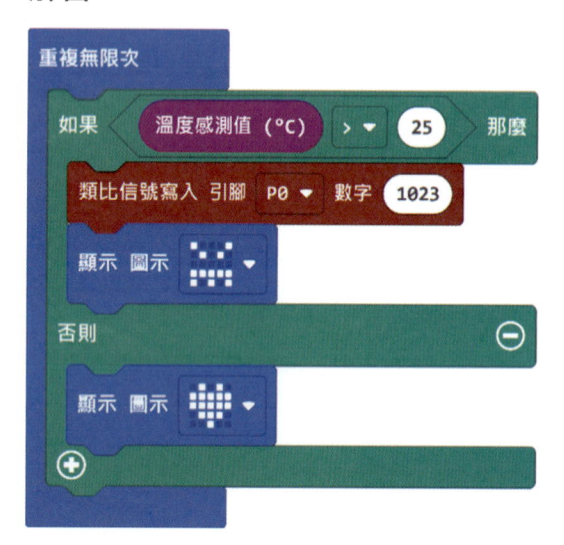

（程式積木：重複無限次 → 如果 溫度感測值（°C）> 25 那麼，類比信號寫入 引腳 P0 數字 1023，顯示 圖示；否則 顯示 圖示）

Chapter 6

實力評量 P111

選擇題

1	2	3	4	5	6	7	8	9	10
D	C	C	A	A	B	B	A	D	C

實作題

1. 請利用變數，設計晃動 micro:bit 產生 1 到 10 的奇數：1，3，5，7，9。

解答：

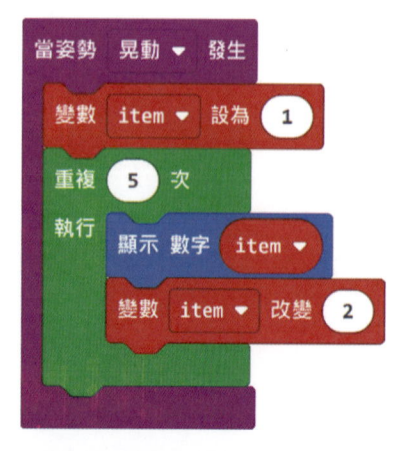

（程式積木：當姿勢 晃動 發生 → 變數 item 設為 1；重複 5 次執行：顯示 數字 item，變數 item 改變 2）

2. 請設計 2 數比大小程式，先建立兩個變數，將變數值設定為 0～9 之間隨機取一個數、顯示變數數字，再利用「如果─那麼」判斷，「如果第 1 個數大於第 2 個數，那麼顯示文字 1 > 2」。

解答：

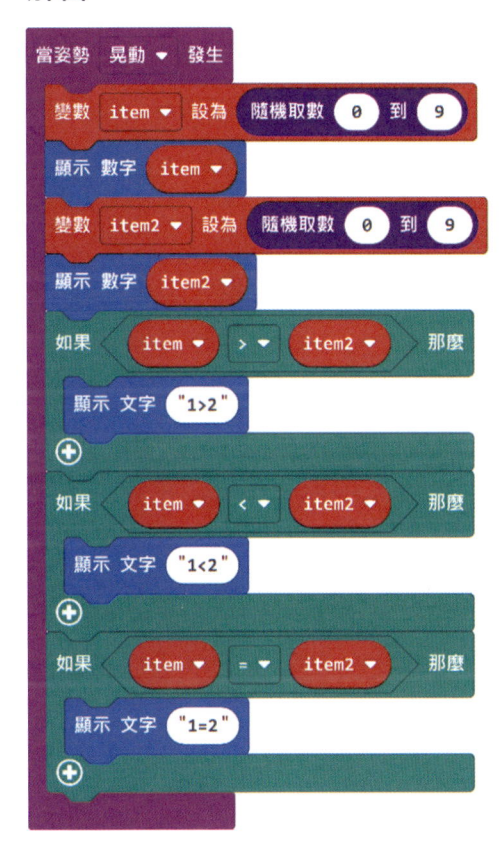

Chapter 7

實力評量 P127

選擇題

1	2	3	4	5	6	7	8	9	10
C	B	A	D	C	A	B	D	D	C

實作題

1. 請設計聲控 LED 燈，隨機點亮 x，y 坐標的 LED，再將 LED 的亮度設定為麥克風的音量值。當音量愈大聲，LED 亮度愈亮。

解答：

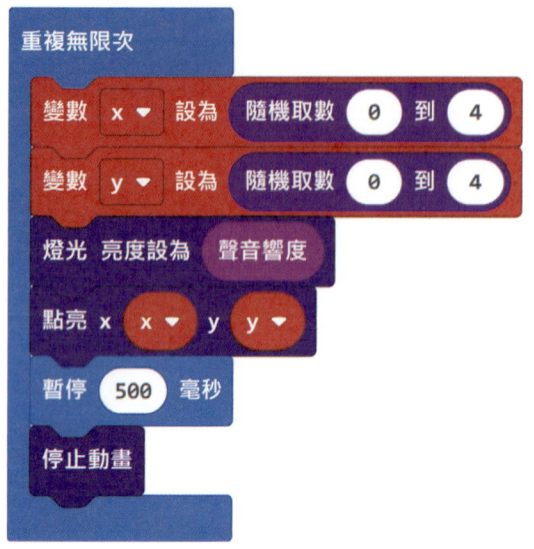

[程式積木圖：重複無限次 → 變數 x 設為 隨機取數 0 到 4 → 變數 y 設為 隨機取數 0 到 4 → 燈光 亮度設為 聲音響度 → 點亮 x x y y → 暫停 500 毫秒 → 停止動畫]

2. 請將「小試身手 4」點亮每一盞燈的程式，改成九九乘法的計算，其中從 $0\times0=0$，$1\times1=1$…一直到 $9\times9=81$，顯示每一個數、乘號、等號及結果。
操作提示：乘號及等號屬於文字，而計算結果屬於數字。

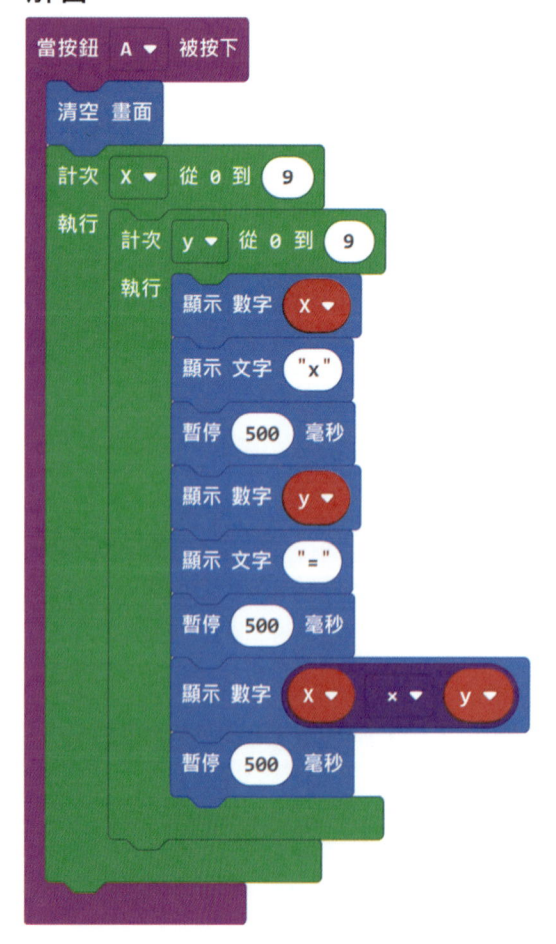

解答：

[程式積木圖：當按鈕 A 被按下 → 清空 畫面 → 計次 x 從 0 到 9 執行 → 計次 y 從 0 到 9 執行 → 顯示 數字 x → 顯示 文字 "x" → 暫停 500 毫秒 → 顯示 數字 y → 顯示 文字 "=" → 暫停 500 毫秒 → 顯示 數字 x × y → 暫停 500 毫秒]

Chapter 8

實力評量 P142

選擇題

1	2	3	4	5	6	7	8	9	10
C	D	A	B	D	A	C	C	B	A

實作題

1. 請利用 ⊙ 輸入 與 數學 的 `0 + 0` 設計兩數相加、減、乘、除的結果，並利用 LED 跑馬燈顯示結果。

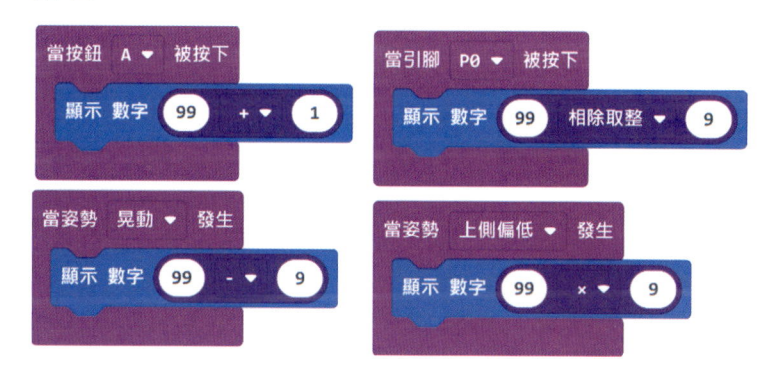

   解答：

2. 請利用 [如果 true 那麼 / 否則] 設計判斷奇偶數。首先建立一個變數 item、item 變數在 1 到 100 之間隨機取數、將 item 除以二取餘數、判斷餘數是否為 0、再顯示 item 是奇數（odd）或偶數（even）。

解答：

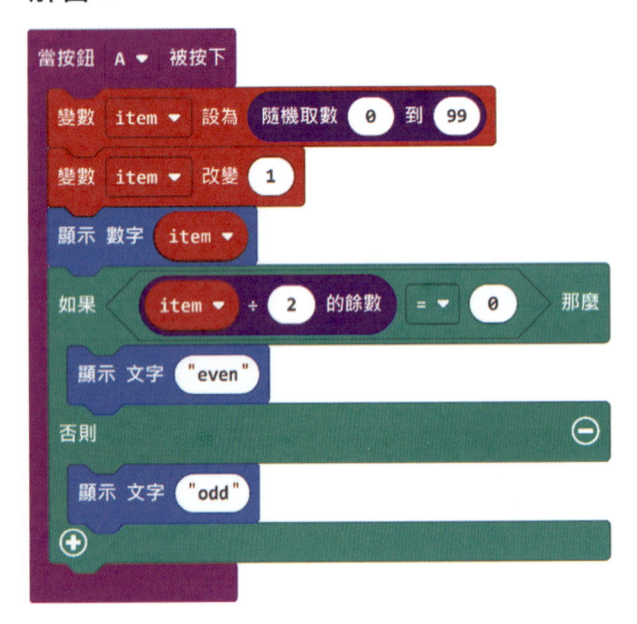

Chapter 9

實力評量　P164

選擇題

1	2	3	4	5	6	7	8	9	10
D	B	B	C	C	C	A	B	A	D

實作題

1. 請設計猜猜 ASCII 碼。兩人一組,當搖動 micro:bit 時,廣播發送 ASCII 內碼給對方。接收方將接收的 ASCII 碼轉換成文字顯示。

   操作提示:`字集取字 代碼為 0` 從 ASCII 碼中取文字,其中 ASCII 碼 48 代表數字 0,65 代表大寫 A,97 代表小寫 a,如附錄四所示依此類推。

   解答:

   ```
   當姿勢 晃動 發生
       廣播 發送文字 字集取字 代碼為 65

   當收到廣播 receivedString
       顯示 文字 receivedString
   ```

2. 兩人一組,當搖動 micro:bit 時,廣播發送文字給對方,讓對方猜總共傳送幾個字。

   操作提示:`"Hello" 的長度` 傳回文字的長度,計算字元數。

   解答:

   ```
   當姿勢 晃動 發生
       廣播 發送文字 "hello microbit"

   當收到廣播 receivedString
       顯示 文字 receivedString
       顯示 數字 receivedString 的長度
   ```

Chapter 10

實力評量 P188

選擇題

1	2	3	4	5	6	7	8	9	10
B	A	D	A	C	C	D	B	D	D

實作題

1. 請利用陣，計算玩家 2 贏的次數。
   (1) 建立一個變數「win」，程式開始時將變數「win」設定為的數字陣列。
   (2) 當玩家 2 贏時「將 1 新增到 win 陣列結尾」。
   (3) 當 logo 比較高或比較低時，顯示「陣列 win 項目數」的數字。

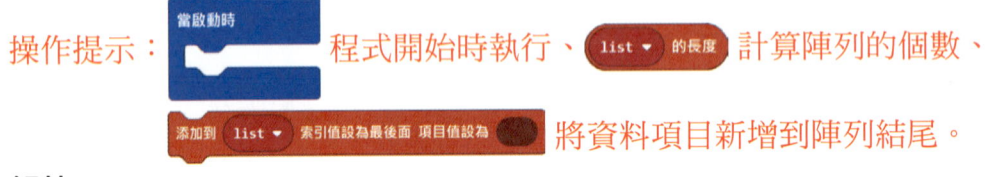

   操作提示：當啟動時 程式開始時執行、list 的長度 計算陣列的個數、

   添加到 list 索引值設為最後面 項目值設為 將資料項目新增到陣列結尾。

   解答：

附錄一 習題解答

2. 請利用陣列設計搖搖樂，比較搖動的次數。
   (1) 建立一個變數「次數」、當按下按鈕【A】時，將變數「次數」設定為創建的數字陣列 1。
   (2) 當搖動 micro:bit 時，將「次數」新增到陣列結尾，表示已搖動一次、顯示「次數」陣列的項目數，利用項目數計算搖動的次數。

   解答：

   ```
   當按鈕 A 被按下
     變數 次數 設為 陣列 1 ⊖ ⊕

   當姿勢 晃動 發生
     添加到 次數 索引值設為最後面 項目值設為 1
     顯示 數字 次數 的長度
   ```

二、Micro:bit 積木功能總表

▦ 基本

積木	功能說明
顯示 數字 0	在 LED 螢幕上顯示 1 位數字。 如果大於 2 位以上的數字，以跑馬燈方式往左滑動顯示。
顯示 指示燈	在 LED 螢幕上顯示圖示。 白色：點亮顯示；未亮燈：不顯示。
顯示 圖示	在 LED 螢幕上顯示選擇的圖示。 內建預設悲傷或剪刀等 40 種圖示。
顯示 文字 "Hello!"	在 LED 螢幕上顯示 1 個文字（A～Z，0～9 或符號）。 如果大於 2 個以上的文字，以跑馬燈方式往左滑動顯示。
清空 畫面	關閉 LED 螢幕點亮的所有燈。
重複無限次	重複執行程式。
當啟動時	啟動 micro:bit 後，開始執行程式。
暫停 100 毫秒	暫停執行程式。（1000 毫秒＝ 1 秒）
顯示 箭頭 箭頭數字 北	在 LED 螢幕上顯示北、東北、東、東南、南、西南、西、西北等八個方向的箭頭。

⊙ 輸入

積木	功能說明
當按鈕 A 被按下	當按下 micro:bit 按鈕【A】、【B】或同時按下【A】與【B】，開始執行程式。

積木	功能說明
當姿勢 晃動▼ 發生	當 micro:bit 晃動、上下傾斜、左右傾斜、正面朝上、正面朝下或自由落體掉落時，開始執行程式。
當引腳 P0▼ 被按下	當 P0、P1 或 P2 引腳與接地（GND）引腳同時被按下時，開始執行程式。
按鈕 A▼ 被按下？	判斷是否按下 micro:bit 的按鈕【A】、【B】或同時按下【A】與【B】。 傳回布林值： 1. true（真）按下按鈕。 2. false（假）未按下按鈕。
加速度感測值 (mg) x▼	傳回 micro:bit 加速度感測器左右、前後或上下方向的加速度感測值，感測值範圍從 －1023 ～ 1023。 mg：加速度單位。 1. x：傳回 micro:bit 左右方向的加速度感測值。 2. y：傳回 micro:bit 前後方向的加速度感測值。 3. z：傳回 micro:bit 上下方向的加速度感測值。
光線感測值	傳回 micro:bit LED 周圍環境的光線值，光線值範圍從 0（最暗）～ 255（最亮）。
方位感測值 (°)	傳回 micro:bit 指南針（Compass）的方位感測值。 方位值範圍： 1. 0 度：北（North）。 2. 90 度：東（Eath）。 3. 180 度：南（South）。 4. 270 度：西（West）。
溫度感測值 (°C)	傳回 micro:bit 攝氏（Celsius）溫度的感測值。 溫度值範圍：－5°C（最低溫）～ 50°C（最高溫）。
姿勢為 晃動▼ ？	判斷 micro:bit 的姿勢為晃動、傾斜或自由掉落等。 傳回布林值： 1. true（真）已晃動。 2. false（假）未晃動。
旋轉感測值 (°) pitch▼	傳回 micro:bit 在不同方向的傾斜感測值。 1. pitch：向上或向下傾斜，感測值範圍從－180 ～ 180 度。 2. roll：向左或向右傾斜，感測值範圍從－180 ～ 180 度。

積木	功能說明
磁力感測值 (μT) x	傳回 micro:bit x，y 或 z 軸方向的磁力感測值。 1. x：測量左右方向。 2. y：測量前後方向。 3. z：測量上下方向。
運行時間 (ms)	傳回程式從開始執行到目前為止的總計執行時間。 時間的單位 ms：毫秒；1000 毫秒 = 1 秒。
運行時間 (micros)	傳回程式從開始執行到目前為止的總計執行時間。 時間的單位 micros：微秒；1000000 微秒 = 1 秒。
電子羅盤校準	校正指南針。
當引腳 P0 被鬆開	當 P0，P1 或 P2 引腳同時與接地（GND）被按下、再放開時，開始執行程式。
加速度計 範圍設為 1G 重力	設定 micro:bit 的加速度。加速度的重力範圍從 1 g（最小值）～ 8 g（最大值）。

micro:bit（v2）輸入新增積木

積木	功能說明
on 聲響 sound	當偵測到 micro:bit 的麥克風聲音或麥克風靜音時，開始執行程式。
on logo 按住	當按住、碰觸、鬆開或長按 logo 時，開始執行程式。
logo is pressed	判斷 micro:bit 的 logo 是否被按下。 傳回布林值： 1. true（真）按下 logo。 2. false（假）未按下 logo。
聲音響度	傳回 micro:bit 麥克風的音量值。音量值範圍從 0（靜音）～ 255（最大音量）。
set 聲響 sound threshold to 128	設定麥克風要偵測的音量值。音量值範圍從 0（靜音）～ 255（最大音量）。

🎧 音效

積木	功能說明
演奏旋律 🎵 ▭▭▭▭▭▭▭▭ 速度 120 (bpm)	自訂演奏旋律。
演奏 音階 中音 C 持續 1 ▼ 拍	播放中音 C（Do）音階，1 拍。 1. 音階範圍：低音 C（Do）～高音 C（Do）。 2. 節拍：1/16 拍～ 4 拍。
演奏 音階 中音 C	連續播放中音 C（Do）音階。
演奏 休息 1 ▼ 拍	演奏休息 1 拍。節拍範圍從 1/16 拍～ 4 拍。
中音 C	傳回演奏的音階。
音量設為 127	設定輸出的音量值。
停止播放所有音效	停止播放所有的音效。
演奏 速度改變 20 bpm	改變演奏音階的速度。 1. 正數：演奏速度變快。 2. 負數：演奏速度變慢。
演奏 速度設為 120 bpm	設定演奏音階的速度。
1 ▼ 拍	傳回節拍的演奏時間。 時間的單位 ms：毫秒；1000 毫秒＝ 1 秒。
演奏速度 (bpm)	傳回目前演奏音階的節奏。 節奏單位：bpm 每分鐘的節拍數。
播放 旋律 dadadum ▼ 重複 一次 ▼	播放內建旋律。 1. 旋律種類：內建生日快樂歌等 20 種。 2. 播放次數：一次或無限次。
停止旋律 全部 ▼	停止全部（背景或前景）正在演奏的旋律。
當音效 音階演奏 ▼ 發生	當前景或背景開始（或重複、結束）演奏旋律時，啟動程式執行。

micro:bit（v2）音效新增積木

積木	功能說明
播放音效 咯咯笑 直到結束	播放 giggle 音效，直到結束。內建笑聲、快樂等十種音效。
播放音效 咯咯笑	依據程式執行速度播放 giggle 音效。
設定內建喇叭 關	設定 micro:bit 主板上的喇叭為開或關。

◉ 燈光

積木	功能說明
點亮 x 0 y 0	點亮 LED 螢幕上特定 x，y 位置的 LED。 1. x：橫軸，由左而右分別為 0，1，2，3，4。 2. y：縱軸，由上而下分別為 0，1，2，3，4。
點的狀態切換 x 0 y 0	切換 LED 螢幕上特定 x、y 坐標的 LED。 如果是開就切換為關；如果是關就切換為開。
不點亮 x 0 y 0	關閉 LED 螢幕上特定 x、y 坐標的 LED。
點的狀態 x 0 y 0	判斷 LED 螢幕上特定 x、y 坐標 LED 的開關狀態。 傳回布林值： 1. true（真）點亮。 2. false（假）未點亮。
點亮長條圖 顯示值為 0 最大值為 0	在 LED 螢幕上依據設定的顯示值顯示長條圖。 1. 最大值為長條圖能顯示的最大數值。 2. 顯示值與最大值範圍：0～1024。
點亮 x 0 y 0 亮度 255	點亮 LED 螢幕上特定 x，y 位置的 LED 並設定亮度，亮度範圍從 0～255。
point x 0 y 0 brightness	傳回特定 x、y 坐標 LED 的亮度值。

積木	功能說明
亮度	傳回目前 LED 的亮度。傳回值的範圍：0 ～ 255。
燈光 亮度設為 255	設定 LED 亮度，範圍從 0（不亮）～ 255（全亮）。
啟用設為 false	啟動或關閉 LED 螢幕。 1. true（真）點亮 LED 螢幕。 2. false（假）關閉 LED 螢幕。
停止動畫	停止播放全部動畫。
顯示模式設為 黑白	設定 LED 顯示模式為黑白或灰階。

📶 廣播

積木	功能說明
廣播群組設為 1	設定 micro:bit 廣播的群組 id，相同群組才能接收或發送廣播。群組範圍：0 ～ 255。
廣播 發送數字 0	廣播發送數字到相同群組的 micro:bit。 廣播傳送的數字暫存在 receivedNumber 變數中。
廣播 發送鍵值 "name" = 0	廣播發送一對文字與數字到相同群組的 micro:bit。 廣播發送的文字暫存在 name 變數中，文字長度最多 12 字元；發送的數字暫存在 value 變數中。
廣播 發送文字 ""	廣播發送文字到相同群組的 micro:bit，文字長度最多 19 字元。 廣播傳送的文字暫存在 receivedString 變數中。

積木	功能說明
當收到廣播文字 receivedString	接收相同群組 micro:bit 發送的文字廣播。
當收到廣播鍵值 name value	接收相同群組 micro:bit 發送的一對文字與數字廣播。
當收到廣播數字 receivedNumber	接收相同群組 micro:bit 發送的數字廣播。
收到的封包 訊號強度	傳回收到廣播的訊息時，廣播的訊號強度、時間與序號。 1. 訊號強度範圍：－128（最弱）～－42（最強）。 2. 時間：廣播訊息發送的時間。 3. 序號：發送廣播的序號。
廣播強度設為 7	設定 micro:bit 廣播訊號的強度。 強度範圍：0（最弱）～7（最強約 70 公尺）。
廣播序號設為 true	在廣播的訊息封包中寫入 micro:bit 裝置的序號。 設定值： 1. true（真）廣播夾帶序號。 2. false（假）廣播不夾帶序號。
radio set frequency band 0	設定廣播發送與接收的頻道，預設值為 7。 頻道範圍：0 ～ 83。
廣播引發事件 來源為 MICROBIT_ID_BUTTON_A 值為 value MICROBIT_EVT_ANY	設定執行廣播的事件，例如：按下按鈕 A（MICROBIT_ID_BUTTON_A），發送廣播值（MICROBIT_EVT_ANY）。

迴圈

積木	功能說明
重複 4 次 執行	重複執行迴圈內程式 4 次。
重複 判斷 true 執行	當條件為「true（真）」時，重複執行迴圈內的程式。
計次 index 從 0 到 4 執行	將 index 變數從 0 開始計次，依序為 0，1，2，3，4，執行 5 次迴圈內的程式。
計次 取值 list 的 value 執行	從 list（變數）中取得 value（值），依照 value（值）重複執行迴圈內的程式 value 次。
跳出	跳離迴圈，繼續執行程式。
continue	重新執行迴圈內的程式。

邏輯

積木	功能說明
如果 true 那麼	「如果」條件為「true（真）」，執行「那麼」內層程式。 1. true（真）條件為「真」時，執行程式。 2. false（假）條件為「假」時，執行「如果－那麼」下一行程式。

積木	功能說明
如果 true 那麼 / 否則	「如果」條件為「true（真）」，執行「那麼」內層程式，「如果」條件為「false（假）」，執行「否則」內層程式。
0 = 0 / 0 < 0	比較左右兩數的關係是否相等（＝）、不等於（≠）、小於（＜）、小於等於（≤）、大於（＞）或大於等於（≥）。 傳回布林值： 1. true（真）兩數相等。 2. false（假）兩數不相等。
"" = ""	比較左右兩邊的文字是否相等（＝）。比較時，以文字的 ASCII 碼進行比較，例如「A」的 ASCII 碼為 65，「a」的 ASCII 碼為 97。 傳回布林值： 1. true（真）兩邊文字相等。 2. false（假）兩邊文字不相等。（註：ASCII 碼請參閱附錄四）
且	邏輯布林運算，判斷「左布林運算結果」與「右布林運算結果」是否同時為 true（真）。 傳回布林值： 1. true（真）左布林運算結果為 true，而且右布林運算結果為 true。 2. false（假）左與右布林運算結果沒有同時為 true。
或	邏輯布林運算，判斷「左布林運算結果」與「右布林運算結果」其中一個為 true（真）。 傳回布林值： 1. true（真）左布林運算結果為 true，或者右布林運算結果為 true。 2. false（假）左與右布林運算結果同時為 false。
不成立	邏輯布林運算，將布林運算結果為 true（真）改為 false（假），將布林運算結果 false（假）改為 true（真）。
true	布林值為 true（真）。
false	布林值為 false（假）。

變數

積木	功能說明
建立一個變數	建立一個變數，變數名稱可以是中文、英文或數字。
搖動數值 ▼	傳回變數的值。
變數 搖動數值 ▼ 設為 0	設定變數的值，變數值可以是數字或 ASCII 碼的英文字或符號。（註：ASCII 碼請參閱附錄四）
變數 搖動數值 ▼ 改變 1	改變變數的值，改變的值為數字。 1. 正數：增加。 2. 負數：減少。

數學

積木	功能說明
0 + 0	計算左與右兩數相加。
0 - 0	計算左與右兩數相減。
0 × 0	計算左與右兩數相乘。
0 ÷ 0	計算左與右兩數相除。
0	0～9 數字
0 ÷ 1 的餘數	計算左除以右的餘數。
0 和 0 的 最小值 ▼	比較左，右兩數的最小值。
0 和 0 的 最大值 ▼	比較左，右兩數的最大值。

積木	功能說明
0 的絕對值	計算絕對值。
平方根 ▼ 0	計算平方根或三角函數等。
四捨五入 ▼ 0	計算四捨五入或無條件進位等。
隨機取數 0 到 10	在第一個數（0）到第二個數（10）之間隨機選一個數。
制限 0 最低 0 最高 0	限制第 1 個數要介於最低數與最高數之間。
隨機取布林值	隨機產生一個布林值，真（true）或假（false）。
對應 0 從低 0 到高 1023 至低 0 到高 4	傳回第 1 個數的對應值。對應的方式：將第一組從低到高（0～1023）的數字範圍轉換為第二組低到高（0～4）。

▽ 進階

f(x) 函式

積木	功能說明
建立一個函式	建立一個函式。

陣列

積木	功能說明
變數 list ▼ 設為 陣列 0 1 ⊖ ⊕	建立數字陣列（list）。 ⊖：減少陣列的個數。 ⊕：增加陣列的個數。
變數 text list ▼ 設為 陣列 "a" "b" "c" ⊖ ⊕	建立文字陣列（test list）。

積木	功能說明
空陣列 ➕	自訂陣列。
`list` 的長度	傳回陣列的長度,總共有幾筆資料項。
取得 `list` 的項目值 索引值為 `0`	傳回陣列中第 `0` 個索引的值。
`list` get and remove value at `0`	傳回陣列第 `0` 個索引的值,並刪除第 `0` 個索引的值。
取得並移除最末項自 `list`	傳回陣列最後一個索引的值,並刪除最後一個索引的值。
取得第一個值自 `list`	傳回陣列中第 `0` 個索引的值,並刪除第 0 個索引的值。
設定 `list` 的項目值 索引值為 `0` 項目值設為 ▇	將陣列第 `0` 個索引的值設為 ▇(數字或文字)。
添加到 `list` 索引值設為最後面 項目值設為 ▇	在陣列的最後一個資料項,新增一個值 `0`(數字或文字)。
從 `list` 中移除最後一個值	刪除陣列最後一個資料項。
從 `list` 中移除第一個值	刪除陣列第一個資料項。
插入到 `list` 索引值設為最前面 項目值設為 ▇	在陣列的最前面位置插入一個值 ▇(數字或文字),並傳回陣列長度。
插入到 `list` 索引值設為最前面 項目值設為 ▇	在陣列的最前面位置插入一個值 ▇(數字或文字)。
插入到 `list` 索引值設為 `0` 項目值設為 ▇	在陣列的第 `0` 個索引,插入一個值 ▇(數字或文字)。
`list` remove value at `0`	刪除陣列中第 `0` 個索引位置的資料值。

積木	功能說明
取得 list 裡 項目 ● 的索引值	在陣列中搜尋資料 ● 的索引值。
反轉 list	將陣列中的資料項反向排列，第 0 個索引位置的資料值排到最後一個索引位置。

文字

積木	功能說明
" "	文字。micro:bit 僅支援 ASCII 碼從 32（空白）～ 126 的文字、數字與符號。
"Hello" 的長度	傳回文字的長度，總共有幾個字元。
字串組合 "Hello" "World" ⊖ ⊕	合併字串。例如："Hello " 與 " World " 組合成 " HelloWorld "
字串剖析 文字 "123" 轉成數字	將 0 ～ 9 文字轉成數字。
字串拆分 "this" 分隔符號 " "	使用分隔符號（" "）將長字串（" this "）拆解成短字串。
"this" 裡包含文字 " " ？	判斷 " this " 字串中是否包含文字 " "。 傳回布林值： 1. true（真）包含文字 " "。 2. false（假）不包含文字。
取得 "this" 裡 文字 " " 的索引值	從長字串 " this " 中取得特定的文字 " " 的索引值，字串 " this " 第 1 個字的位置索引值從 0 開始。
"this" 為空值？	判斷 " this " 字串中是否為空字串（" "）。 傳回布林值： 1.true（真）" " 為空字串。 2.false（假）" " 不是空字串，內含文字。

積木	功能說明
字串截取 字串為 "this" 索引值為 0 長度為 10	在字串（" this "）中，從第 0 個索引值（第 1 個字）開始，取 10 個字。
字串比較 "this" 與 ""	傳回前後兩個字串比較的結果。 比較方法：前、後兩個字串從第一個字開始，依照 ASCII 內碼逐字比較。 傳回值： 1. －1：前面字串小於後面字。 2. 1：前字串大於後面字串。 3. 0：兩個字串相同。
字串取字 字串為 "this" 索引值為 0	從字串（" this "）中取索引值 0 的字（第 1 個字）。
轉換 0 成文字型別	將 0～9 數字轉換成文字。
字集取字 代碼為 0	將 ASCII 代碼轉換成文字，例如：ASCII 代碼 65 的文字為 A。

🎮 遊戲

積木	功能說明
創建角色於 x: 2 y: 2	在 LED 螢幕上特定 x，y 位置建立新的 LED 作為角色。 1. x：橫軸，由左而右分別為 0，1，2，3，4。 2. y：縱軸，由上而下分別為 0，1，2，3，4。
刪除角色 this	刪除角色。
is sprite deleted	判斷角色是否已刪除。 傳回布林值： 1. true（真）角色已刪除。 2. false（假）角色未刪除。
角色 sprite 移動 1 點	角色移動 1 點，程式預設往右。 正數：往右移動；負數：往左移動。

積木	功能說明
角色 sprite 右 轉 45 度	角色往左或往右旋轉 45 度。
角色 sprite 的 x 改變 1	角色的 x，y 坐標或方向、亮度與閃爍度會隨著程式執行而改變 1。
角色 sprite 的 x 設為 0	角色的 x，y 坐標或方向、亮度與閃爍度固定為 0。
角色 sprite 的 x	傳回角色目前的 x，y 位置、方向、亮度或閃爍。
角色 sprite 碰到 ?	判斷角色是否碰到另一個角色。 傳回布林值： 1. true（真）兩個角色碰到。 2. false（假）兩個角色未碰到。
角色 sprite 碰到邊緣？	判斷角色是否碰到邊緣。 傳回布林值： 1. true（真）碰到邊緣。 2. false（假）未碰到邊緣。
角色 sprite 碰到邊緣就反彈	如果角色碰到邊緣，自動反彈。
生命減少 0	減少生命值。
生命增加 0	增加生命值。
生命設為 0	設定生命值。
得分設為 0	設定得分。
得分改變 1	將得分改變 1。 正數：加分；負數：減分。
開始倒數 (ms) 10000	倒數計時，時間到時會自動顯示「GAME OVER 及 SCRORE 分數」跑馬燈。（10000 ms ＝ 10 秒）

積木	功能說明
得分	傳回得分值。
遊戲結束	結束遊戲並顯示得分。
遊戲已經結束	判斷遊戲是否已經結束。 傳回布林值： 1. true（真）遊戲已結束。 2. false（假）遊戲未結束。
遊戲暫時停止	判斷遊戲是否暫時停止。 傳回布林值： 1.true（真）遊戲暫時停止。 2.false（假）遊戲未暫時停止。
遊戲正在運行	判斷遊戲是否正在進行。 傳回布林值： 1.true（真）遊戲正在運作。 2.false（假）遊戲已停止或暫停。
遊戲繼續	重置遊戲。
遊戲暫停	暫停遊戲。

🖼 圖像

積木	功能說明
顯示圖像 sprite 位移 0 點	在 LED 螢幕左右移動圖像 0 點。 正數：往左移動；負數往右移動。
滾動圖像 sprite 位移 1 間隔 200 毫秒	捲動圖像。 1. 1：移動點數。 2. 正數：由右往左捲動；負數：由左往右捲動。 3. 200（毫秒）：移動時間。

積木	功能說明
創建圖像	創建圖像。
創建大型圖像	創建大型圖像。
箭頭數字 北	創建箭頭圖像。
圖示圖像	創建內建愛心等圖像。
arrow image 北	創建東、西、南、北等八方位的箭頭圖像。

◎ 引腳

積木	功能說明
數位信號讀取 引腳 P0	從 micro:bit 的 P0 ～ P16 引腳讀取數位信號值。 讀取值： 1. 1：引腳已連接（或開）。 2. 0：引腳未連接（或關）。
數位信號寫入 引腳 P0 數字 0	將 0 或 1 信號值寫入 micro:bit 的 P0 ～ P16 引腳。
類比信號讀取 引腳 P0	從 micro:bit 的 P0 ～ P16 引腳讀取類比信號值。 讀取值：0 ～ 1023。
類比信號寫入 引腳 P0 數字 1023	將 0 ～ 1023 信號值寫入 micro:bit 的 P0 ～ P16 引腳。

積木	功能說明
對應 0 / 從低 0 / 到高 1023 / 至低 0 / 到高 4	傳回第 1 個數的對應值。對應的方式：將第一組從低到高（0～1023）的數字範圍轉換為第二組低到高（0～4）。
引腳 P0 類比週期設為 (μs) 20000	設定 P0～P16 引腳類比信號的週期為 20000 μs（μs：微秒；20000 微秒＝0.02 秒）。
伺服寫入 腳位 P0 至 180	設定伺服馬達為 P0～P16 引腳與旋轉角度。旋轉角度範圍：0 度～180 度。
伺服設定脈衝 腳位 P0 至 (μs) 1500	設定伺服馬達為 P0～P16 引腳、類比信號輸出，並設定脈衝為 1500 μs。
set audio pin P0	設定播放音效或音階的引腳為 P0～P16。
當 引腳 P0 脈衝為 高	當 P0～P16 引腳設定為高或低脈衝時，啟動程式執行。
脈衝長度 (μs)	傳回脈衝的持續時間。
引腳 P0 脈波 高 持續時間 (微秒)	傳回 P0～P16 引腳設定為高或低脈衝時的脈衝持續時間。
i2c 讀取數字 位置 0 格式 Int8LE 重複 false	傳回 7 位元 i2c 位址。
i2c write number at address 0 with value 0 of format Int8LE repeated false	將特定值寫入 i2c 的 7 位元位址中。

積木	功能說明
spi 寫入 0	將數字寫入 spi，並傳回 spi 反應值。
spi 頻率設為 1000000	設定 spi 頻率。
引腳 P0 ▼ 設為引發 邊緣 ▼ 事件	設定 P0 ～ P16 引腳用來傳送事件。傳送事件包括：邊緣、脈衝、碰到或無。
類比音高 0 持續 (ms) 0	發射 PWM 信號到 P0。將 P0 引腳設定為類比引腳。
spi 格式 位元 8 模式 3	設定 spi 位元及模式。
引腳 P0 ▼ 電阻設為 上 ▼	設定 P0 ～ P16 引腳是否被按下。
引腳 P0 ▼ 設為播放類比音高	設定 P0 ～ P16 引腳為類比，以播放音調。
spi 設定腳位 MOSI P0 ▼ MISO P0 ▼ SCK P0 ▼	設定 spi 的 MIOS，MIOS 引腳與 SCK 引腳。

Micro:bit（v2）新增積木

積木	功能說明
將觸控模式 P0 ▼ 設定為 電容 ▼	設定 P0 ～ P2 或 logo 的觸控模式為電容（capacitive）或電阻（resistive）。

序列

積木	功能說明
序列 寫入一行文字 " "	寫入一行文字到序列埠並換行。
序列 寫入數字 0	寫入數字到序列埠。

積木	功能說明
序列 寫入值 "x" = 0	寫入一對文字與數字到序列埠。
序列 寫入文字 " "	寫入一行文字到序列埠。
序列 寫入數字陣列 陣列 0 1 ⊖ ⊕	寫入數字陣列到序列埠。
序列 讀取一行字串	從序列埠中讀取一行文字。
序列 讀取直到遇到 new line ( ) ▼	從序列埠中讀取文字，直到換行才停止。
序列 當數據中收到 new line ( ) ▼	當序列埠收到換行符號時，啟動程式執行。
序列 讀取文字	從序列埠中讀取文字。
序列重新導向至 TX P0 ▼ RX P1 ▼ 傳輸速率 115200 ▼	自訂序列埠傳送及接收的引腳及連接速率。 1. TX：傳送資料的引腳。 2. RX：接收資料的引腳。 3. 連接速率：從 300 ～ 115200。
序列 重新導向至 USB	使用 USB 連線以輸出或輸入序列埠資料。
序列 tx 緩衝區大小設為 32	設定序列埠傳送資料緩衝區的大小為 32 位元組。
序列 rx 緩衝區大小設為 32	設定序列埠接收資料緩衝區的大小為 32 位元組。
序列 寫入緩衝 序列 讀取緩衝 64	寫入一個緩衝到序列埠。

積木	功能說明
序列 讀取緩衝 64	從緩衝序列埠讀取資料。
序列 寫入填充線段 長度設為 0	設定序列埠寫入填充線段的長度。
序列 串列傳輸率設為 115200	設定序列埠為串列傳輸的頻率。

控制

積木	功能說明
等待事件 來源為 0 值為 0	停止程式執行並等待來源為 0 的事件。
背景運行	在背景執行程式。
毫秒	傳回 micro:bit 從啟動到目前為止的時間,時間單位為毫秒。
重置	重新啟動 micro:bit。
等待 4 微秒	暫停信號輸出 4 微秒。
引發事件 來源為 MICROBIT_ID_BUTTON_A 數值為 MICROBIT_EVT_ANY	在事件匯流排中觸發一個事件,例如事件來源為按下按鈕 A,數值為任意。
事件時間戳記	傳回匯流排中最後一個事件執行的時間。

積木	功能說明
事件結果	傳回匯流排中最後一個事件的值。
MICROBIT_EVT_ANY ▼	傳回 micro:bit 事件的數值。
MICROBIT_ID_BUTTON_A ▼	傳回 micro:bit 裝置來源的值。
當事件發生 來源為 MICROBIT_ID_BUTTON_A ▼ 數值為 MICROBIT_EVT_ANY ▼	當事件匯流排的事件被觸發時，啟動程式執行。
裝置名稱	傳回序列埠連接引腳的裝置名稱。
裝置序號	傳回裝置的序號。

➕ 擴展

積木	功能說明
➕ 添加套件	新增 micro:bit 裝置、遠端遙控、藍牙裝置或 LED 燈環等相關的程式模組積木。

三、本書使用元件總表

基礎元件 \ 章節	CH1	CH2	CH3	CH4	CH5	CH6	CH7	CH8	CH9	CH10
Micro:bit	●	●	●	●	●	●	●	●	●	●
Micro USB 連接線	●	●	●	●	●	●	●	●	●	●
電池盒與 2 個 AAA 電池（3V）	●	●	●	●	●	●	●	●	●	●
鱷魚夾 2 個			●	●				●		
蜂鳴器或耳機			●					●		
類比馬達與葉片				●						

四、ASCII 碼

ASCII 碼	圖形	ASCII 碼	圖形	ASCII 碼	圖形
32	空白	64	@	96	`
33	!	65	A	97	a
34	"	66	B	98	b
35	#	67	C	99	c
36	$	68	D	100	d
37	%	69	E	101	e
38	&	70	F	102	f
39	'	71	G	103	g
40	(	72	H	104	h
41	)	73	I	105	i
42	*	74	J	106	j
43	+	75	K	107	k
44	,	76	L	108	l
45	-	77	M	109	m
46	.	78	N	110	n
47	/	79	O	111	o
48	0	80	P	112	p
49	1	81	Q	113	q
50	2	82	R	114	r
51	3	83	S	115	s
52	4	84	T	116	t
53	5	85	U	117	u
54	6	86	V	118	v
55	7	87	W	119	w
56	8	88	X	120	x
57	9	89	Y	121	y
58	:	90	Z	122	z
59	;	91	[	123	{
60	<	92	\	124		
61	=	93	]	125	}
62	>	94	^	126	~
63	?	95	_		

五、摩斯碼字元表

字元	摩斯碼	字元	摩斯碼	字元	摩斯碼
1	·−	A	·−	N	−·
2	··−	B	−···	O	−−−
3	···−	C	−·−·	P	·−−·
4	····−	D	−··	Q	−−·−
5	····	E	·	R	·−·
6	−····	F	··−·	S	···
7	−−···	G	−−·	T	−
8	−−··	H	····	U	··−
9	−−−··	I	··	V	···−
0	−	J	·−−−	W	·−−
		K	−·−	X	−··−
		L	·−··	Y	−·−−
		M	−−	Z	−−··

六、指南針圖片

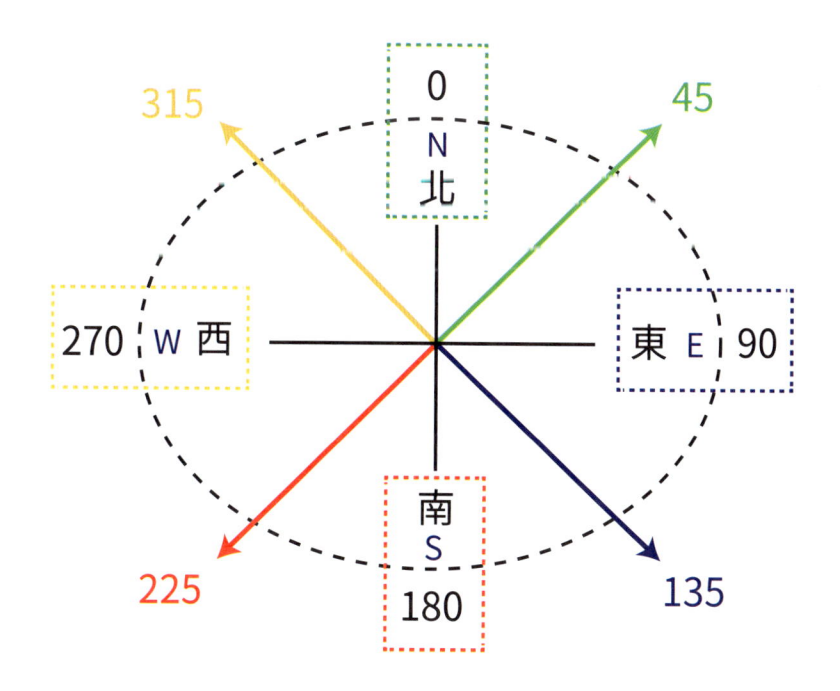

micro:bit 運算思維教具箱（含收納盒、電池）

商品編號：0118201
建議售價：$699

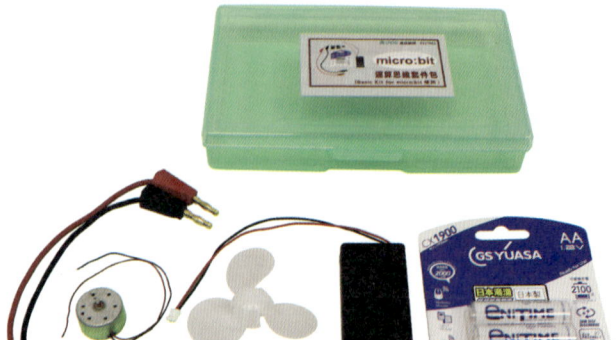

micro:bit 以積木組合程式、模擬器執行結果的簡易操作，輕鬆的學習程式設計邏輯思維及運算思維的能力，透過 micro:bit 的程式設計，可以開發軟體、設計硬體，從創作中得到樂趣，成為主動的學習者。

安全大滿分

1. 提供槍型插頭，插頭所佔體積小，相鄰兩條線不易因觸碰而短路，且具有母頭可多個槍型插頭疊接使用。

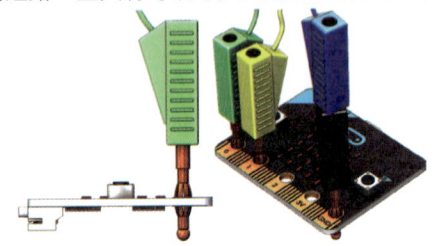

2. 獨家提供轉接板，可將週邊模組針腳做延伸，讓鱷魚夾好固定，可避免相鄰兩條線因觸碰而短路。

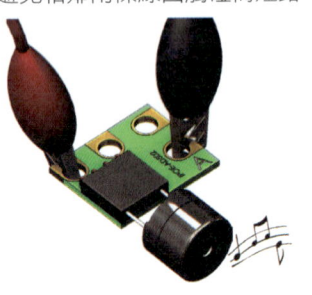

加購 BBC micro:bit 主控板 V2.0 版
（含 USB 線 100cm、收納盒）

商品編號：0110008
建議售價：$680

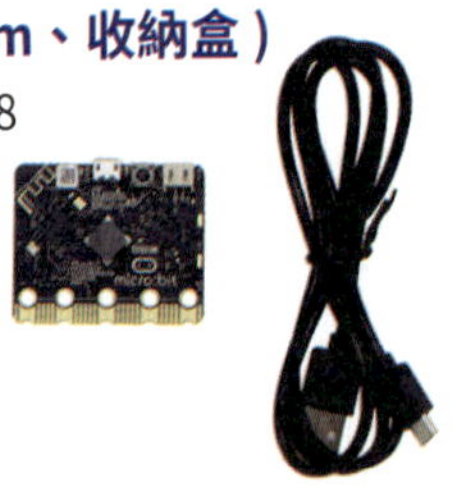

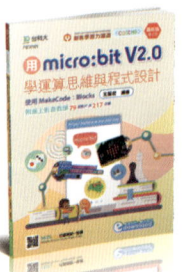

Maker 指定教材

用 micro:bit V2.0 學運算思維與程式設計 - 使用 MakeCode：Blocks - 最新版（第二版）

書號：PB30501
作者：王麗君
建議售價：$320

材料清單

micro:bit 專用 I/O 轉接板 ×2（A 板 ×1、B 板 ×1）	無源式 Buzzer ×1
充電電池 1.5V×2（3 號）	電池盒（3 號）×1（含開關）
槍型插頭（紅 ×1、黑 ×1）	類比馬達 ×1 葉片 ×1

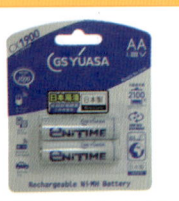

※ 以上報價僅供參考　依實際報價為主

勁園‧紅動　www.ipoemaker.com

諮詢專線：02-2908-1696 或洽轄區業務
歡迎辦理師資研習課程

MLC 創客學習力認證
Maker Learning Credential Certification

創客學習力認證精神

以創客指標 6 向度：外形（專業）、機構、電控、程式、通訊、AI 難易度變化進行命題，以培養學生邏輯思考與動手做的學習能力，認證強調有沒有實際動手做的精神。

MLC 創客學習力證書，累積學習歷程

學員每次實作，經由創客師核可，可獲得單張證書，多次實作可以累積成歷程證書。
藉由證書可以展現學習歷程，並能透過雷達圖及數據值呈現學習成果。

創客師 → 核發 **創客學習力認證 Maker Learning Credential Certification** → **學員**

學員收穫：
1. 讓學習有目標
2. 診斷學習成果
3. 累積學習歷程

創客學習力

雷達圖診斷
1. 興趣所在與職探方向
2. 不足之處

外形(專業)Shape、機構 Structure、電控 Electronic、程式 Program、通訊 Communication、人工智慧 AI

綜合素養力

各項基本素養能力

空間力、堅毅力、邏輯力、創新力、整合力、團隊力

單張證書

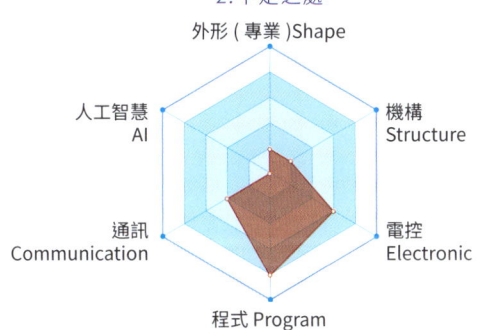

歷程證書

正面　　反面

數據值診斷
1. 學習能量累積
2. 多元性（廣度）學習或專注性（深度）學習

100 — 10 — 10
創客指標總數　創客項目數　實作次數

100 — 1 — 10
創客指標總數　創客項目數　實作次數

認證產品

產品編號	產品名稱	建議售價
PV151	申請 MLC 數位單張證書	$400
PV152	MLC 紙本單張證書	$600
PV153	申請 MLC 數位歷程證書	$600

產品編號	產品名稱	建議售價
PV154	MLC 紙本歷程證書	$600
PV159	申請 MLC 數位教學歷程證書	$600
PV160	MLC 紙本教學歷程證書	$600

※ 以上價格僅供參考 依實際報價為準

勁園科教 www.jyic.net

諮詢專線：02-2908-5945 或洽轄區業務
歡迎辦理師資研習課程

書　　　名	用micro:bit V2.0學運算思維與程式設計：使用MakeCode：Blocks
書　　　號	PB30502
版　　　次	2018年7月初版 2024年7月三版
編　著　者	王麗君
責任編輯	林宛俞
校對次數	8次
版面構成	楊蕙慈
封面設計	楊蕙慈

國家圖書館出版品預行編目(CIP)資料

用micro:bit V2.0 學運算思維與程式設計：使用
MakeCode:Blocks/王麗君編著. -- 三版. -- 新北市：
台科大圖書股份有限公司, 2024.07
　　面；　公分
ISBN 978-626-391-253-3(平裝)

1.CST: 微電腦 2.CST: Python(電腦程式語言)

471.516　　　　　　　　　　　　　113008530

出　版　者	台科大圖書股份有限公司
門市地址	24257新北市新莊區中正路649-8號8樓
電　　　話	02-2908-0313
傳　　　真	02-2908-0112
網　　　址	tkdbooks.com
電子郵件	service@jyic.net
版權宣告	**有著作權　侵害必究** 本書受著作權法保護。未經本公司事前書面授權，不得以任何方式（包括儲存於資料庫或任何存取系統內）作全部或局部之翻印、仿製或轉載。 書內圖片、資料的來源已盡查明之責，若有疏漏致著作權遭侵犯，我們在此致歉，並請有關人士致函本公司，我們將作出適當的修訂和安排。
郵購帳號	19133960
戶　　　名	台科大圖書股份有限公司 ※郵撥訂購未滿1500元者，請付郵資，本島地區100元 / 外島地區200元
客服專線	0800-000-599
網路購書	勁園科教旗艦店 蝦皮商城　博客來網路書店 台科大圖書專區　勁園商城
各服務中心	總　　公　　司　02-2908-5945　　台中服務中心　04-2263-5882 台北服務中心　02-2908-5945　　高雄服務中心　07-555-7947

線上讀者回函
歡迎給予鼓勵及建議
tkdbooks.com/PB30502